AMY'S KITCHEN

AMYの私人廚房：一日兩餐快速料理

讓忙碌的媽媽們也能

一日兩餐，輕鬆上菜

我想，應該很多人和我一樣，從小到大都是帶著媽媽做的便當上學、上班的。不知道你是否也有這種經驗和感覺？每天要打開便當盒的那一剎那，就像在開禮物一樣，心裡總帶著一絲絲期待和驚喜，不知道今天是簡單好吃的家常菜？還是料多味美的炒飯？抑或是充滿異國風情的三明治呢？但不管是什麼樣的菜色，都能感受到媽媽幫我們做便當的那份愛意，也總會想起媽媽早起在廚房忙碌的辛苦。

自序／

記憶中每天早晨的廚房總會傳來一陣陣飄香，所以，我對便當總是有著一種很特別、很懷念的情感。對於忙碌的現代人來說，雖然外食選項種類繁多而且方便，但吃多了總還是會讓人想念心中那個家常的媽媽味，媽媽做的樸實菜餚看似簡單，卻是隨著季節時令而變化的，而便當好吃的祕訣其實很簡單，只要挑選的食材新鮮且當季，通常不需要過多的調味就能做出好吃又營養滿分的菜色。

不過，我也曾是一個職業婦女，我充分了解對於平常忙碌的上班族或是媽媽們來說，要餐餐自己煮，甚至要幫家人一起準備便當，還是充滿難度的，每天下班總是很累、很晚了，早上又總是不小心多賴床 10 分鐘，而且光是料理前的備料就得花費不少時間，光想想就覺得困難。

因爲一直有粉絲朋友們，都曾反映過有著這樣的困擾，所以這本書是我特別爲了你們設計的，我設計了半醃漬和已經調理好的快速調理包，也就是所謂的「常備菜」，裡面有肉、有蔬菜、有海鮮也有小菜、湯品，讓你能使用一種常備菜就輕鬆變化出 3-5 道料理，只要 5 分鐘就能上桌。

做料理的祕訣，調味的順序及比例份量是很重要的。所以這本書的特色就是教你利用週末超前準備好一週的菜單，下班後不用半小時就能完成晚餐，甚至還能準備好隔日便當，一日兩餐，輕鬆兼顧。

只要掌握食材的時令和特性，事先規劃好每天的主菜、主食、配菜的菜單，搭配書中的常備菜做變化，無論是廚藝新手或媽媽級的高手，這本書都將會是你的料理法寶。讓你就算是在忙碌的生活中，也能把下廚做料理變成一件輕鬆、療癒的事。

自序／

讓忙碌的媽媽們也能
一日兩餐，輕鬆上菜 … 002

CHAPTER 01

小家庭生活的常備菜

在週末時規劃好採購菜單 … 012
小家庭最適合製作常備菜 … 018

CHAPTER 02

週末超前準備常備菜主菜

主菜常備菜。雞肉

香料風味雞胸肉 半調理食材 … 026

01／香煎嫩雞佐蔥油醬 … 028
02／嫩雞炒鮮蔬 … 029
03／雞肉佐藜麥溫沙拉 … 030
04／麻醬涼拌雞絲 … 031

日式風味去骨雞腿排 半調理食材 … 032

01／照燒雞腿排 … 034
02／唐揚炸雞 … 036
03／親子丼 … 037
04／韓式辣味炸雞 … 038
05／椒麻雞 … 039

主菜常備菜。豬肉

台式風味醃里肌肉 半調理食材 … 040

01 ／古早味排骨飯 … 042
02 ／蒜香椒鹽香煎肉排 … 043
03 ／肉排蛋三明治 … 044
04 ／台式烤肉蓋飯 … 045

萬用風味醃絞肉 半調理食材 … 046

01 ／軟嫩多汁漢堡排 … 048
02 ／高麗菜肉末蛋餃 … 049
03 ／義式肉丸子 … 050
04 ／咖哩肉末粉絲 … 052
05 ／三色丼 … 054
06 ／香菇肉燥 … 054

台式風味紅燒肉 調理包 … 056

01 ／台式刈包 … 058
02 ／滷肉燒豆腐 … 059
03 ／什錦蘿蔔滷肉 … 060

紅燒牛肉 調理包 … 062

01 ／日式咖哩 … 064
02 ／麻辣牛肉乾拌麵 … 066
03 ／牛腩燴飯 … 067
04 ／焗烤牛肉烤飯 … 068
05 ／紅燒牛腩煲 … 069

主菜常備菜。鮮魚

味噌風味醃魚 半調理食材 … 070

01 ／西京燒 … 072
02 ／白蘿蔔味噌燉魚 … 073
03 ／紙包蒜香味噌魚 … 074

主菜常備菜。海鮮

茄汁蝦仁 半調理食材 … 076

01 ／茄汁蝦仁豆腐 … 078
02 ／茄汁蝦仁炒飯 … 079
03 ／茄汁蝦仁義大利麵 … 080
04 ／焗烤茄汁蝦仁飯 … 081

主菜常備菜。綜合海鮮

酸辣醬綜合海鮮 半調理食材 … 082

01 ／泰式酸辣涼拌海鮮 … 084
02 ／泰式酸辣海鮮湯 … 085
03 ／酸辣海鮮粉絲沙拉 … 086

CHAPTER 03

週末超前準備 常備菜配菜

配菜常備菜。蔬食

醃漬雪裡紅 半調理食材 … 090

01／雪菜烱麵 … 092
02／雪裡紅炒豆干 … 093
03／雪菜炒年糕 … 094

淺漬高麗菜 半調理食材 … 096

01／酸甜開胃泡菜 … 098
02／高麗菜煎餅 … 099
03／胡麻醬拌高麗菜 … 100

高麗菜捲 半調理食材 … 102

01／關東煮 … 104
02／焗烤高麗菜捲 … 106
03／茄汁高麗菜捲 … 107

鹽漬茼筍 半調理食材 … 108

01／蒜炒茼筍 … 110
02／涼拌茼筍 … 111
03／茼筍炒蝦仁 … 112

油漬小番茄 半調理食材 … 114

01／義式蒜香義大利麵 … 116
02／番茄蝦仁烘蛋 … 117
03／番茄起司潛艇堡 … 118

配菜常備菜。高湯

柴魚昆布高湯 半調理食材 … 120

01／豚肉味噌湯 … 122
02／日式茶碗蒸 … 123
03／日式燉煮蘿蔔 … 124
04／馬鈴薯燉肉 … 125
05／玉子燒 … 126
06／海鮮烏龍麵 … 127

雞高湯 半調理食材 … 128

01／嫩雞五目炊飯 … 130
02／雲吞湯麵 … 131
03／玉米濃湯 … 133
04／蛤蜊雞湯麵 … 133

五色蔬菜湯 半調理食材 … 134

01／義式風味蔬菜湯 … 136
02／菇菇什錦蛋花湯 … 137
03／泰式酸辣湯麵 … 138

排骨高湯 半調理食材 … 140

01／藥膳排骨湯 … 142
02／芋頭排骨鹹粥 … 143
03／玉米蘿蔔排骨湯 … 144
04／四神排骨湯 … 145
05／韓式馬鈴薯排骨湯 … 146

雞湯 半調理食材 … 148

01／剝皮辣椒雞湯 … 150
02／紅棗牛蒡山藥雞湯 … 151
03／蒜香蛤蜊雞湯 … 152
04／百菇雞湯 … 154
05／元氣蔬菜雞湯 … 156

CHAPTER 04

常備小菜和萬用醬料

小菜常備菜

01 ／辣炒小魚乾 … *160*
02 ／糖心蛋 … *162*
03 ／昆布佃煮 … *164*
04 ／辣炒豆豉蘿蔔乾 … *166*
05 ／椒鹽菇菇 … *168*
06 ／柴魚香鬆 … *170*
07 ／金平牛蒡絲 … *172*
08 ／日式酸甜蘿蔔 … *174*
09 ／辣炒酸菜 … *176*

萬用醬料

01 ／蔥油醬 … *178*
02 ／油醋醬 … *180*
03 ／芝麻醬 … *182*
04 ／韓式辣味醬 … *184*
05 ／和風味噌醬 … *186*
06 ／番茄醬汁 … *188*
07 ／酸辣醬 … *190*
08 ／胡麻醬 … *192*
09 ／關東煮沾醬 … *194*

CHAPTER 05

大受歡迎的人氣便當

用常備菜做好午餐便當 ⋯ *198*

• 便當好吃的祕密，「米飯」是關鍵 ⋯ *199*

01 ／白米飯 ⋯ *202*
02 ／紫米飯 ⋯ *204*
03 ／糙米飯 ⋯ *206*
04 ／藜麥飯 ⋯ *208*
05 ／十穀飯 ⋯ *210*
06 ／小松菜飯 ⋯ *212*
07 ／紅藜大麥糙米飯 ⋯ *214*

• 常備菜便當組合小技巧 ⋯ *216*

01 ／日式唐揚炸雞便當 ⋯ *218*
02 ／雞肉藜麥溫沙拉便當 ⋯ *220*
03 ／茄汁風味義大利麵 ⋯ *222*
04 ／麻辣牛肉拌麵便當 ⋯ *224*
05 ／超美味肉排蛋三明治餐盒 ⋯ *226*
06 ／大份量韓式辣味炸雞便當 ⋯ *228*
07 ／日式照燒風味雞腿便當 ⋯ *230*
08 ／一口大小漢堡肉雙層餐盒 ⋯ *232*
09 ／又鮮又辣的日式紙包魚便當 ⋯ *234*
10 ／泰式風味酸辣海鮮便當 ⋯ *236*

CHAPTER 01

小家庭生活的常備菜

我們一起規劃、一起採買、一起享用，
全家人就是靠著這些「一起」，
慢慢繼續堆積著感情和愛。

在週末時規劃好採購菜單

週末通常是職業婦女們上市場採買的時候，下禮拜要吃什麼呢？不妨利用週末時刻，和家人一起來個有趣的家庭會議吧。除了分享這週的生活趣事，也能一塊想想下禮拜特別想吃的菜色，透過生活中的分享，一起激盪出屬於家的美味料理。

現代人工作忙碌，要自煮三餐的確有難度。所以一開始準備不要太貪心，可以先從晚餐開始，讓自己和家人忙碌一天之後，下班回到家就能吃到熱騰騰又健康豐盛的晚餐，等適應常備菜的作法後再慢慢開始準備便當，搞定一日二餐是最經濟又實惠的好方法。

採買的技巧，按照時令選擇

菜單的規劃也要考量到季節性的食材，盡量依照季節盛產的在地食材來設計菜單，不僅可嚐到食物最新鮮的風味，價格也是最經濟又實惠。接下來就把你最想吃的菜色，按照自己（家人）的喜好，分別安排在不同日子，挑選好主菜之後，再去列配菜、湯品、搭配不同的小菜及米食或麵食，掌握準則就能輕鬆規劃出一週營養均衡又豐富的菜單。

每週去市場採買前，別忘了看看冰箱還有哪些「常備菜調理包」或「剩食」還可以再利用，再加入規畫的一週菜單以避免浪費。

大賣場可一次性採購食材

我會建議週末時可以到菜市場或大賣場一次採購所需的主菜，像是雞鴨豬等肉品、以及魚類海鮮等。蔬菜的部分可以挑選耐儲存多天的根莖類蔬菜，或是加工成書中調理包的這些半調理食材。因為新鮮葉菜類的保鮮期通常只有 3-4 天就需食用完畢，如果吃不下那麼多，就可以做成淺漬蔬菜，如淺漬高麗菜、鹽漬萵筍、雪裡紅都是很棒的選擇。

通常大賣場買回來的食材份量都是大包裝，比小份量的秤斤秤兩的購買更划算，例如一片去骨雞腿排和一大盒去骨雞腿排來說，直接買一大盒去骨雞腿排的價格最實惠，所以採買一～兩週的菜單食材，是最省錢、省時的。一樣先挑選設計出主菜的食材，搭配書中的菜色參考，購買食材前要先考量好，避免一時衝動買回過多的食材，例如買了牛肉、雞肉，就要規劃出想做的菜色有哪些，聰明採買就能避免盲目消費。然後再依照季節時令挑選最新鮮的蔬菜來做為配菜，還有小魚乾 、雞蛋、各式菇菇、耐放的根莖類（牛蒡、蘿蔔）等這些食材都非常適合做常備菜，可以一次買足。

 辛香料、醬料亦可以常備

料理常用、必用的辛香料，像是蔥薑蒜等也可以多買一些，蒜和薑可以先冷溫儲存，如果用不完則可以分別處理切好後分裝，冷藏或冷凍保存。還可以花時間先特製出各種百搭的酸辣醬、蔥油醬等醬料，我這本書裡第 4 章介紹的 9 款醬料都超百搭好用，這樣一來，臨時需要辣椒或醬料時，就不用特別外出採買，省時、方便又健康。

 保存期限要特別注意

採買食材還有最重要的一點：要學會多看包裝上的製造日期或保存期限、內容物及重量，例如採買肉品或海鮮，一定要先確認包裝上的日期，以及確認肉品及海鮮的鮮度，蔬菜要看外型是否翠綠，不要葉片枯萎發黃或是發芽，有損壞外傷的也要避免購買，免得放置一、二天食材就腐敗了。

如果是在傳統市場購買食材，也可以多和肉攤、菜攤老闆們搏感情，和熟識的攤販老闆們購買食材，可以獲得最好的品質保證。而且通常逛一圈菜市場就能知道現在季節盛產哪些好食材了，跟著季節吃就對了。

採買生鮮食品要注意保冷

採買生鮮食材最好搭配保冷袋，尤其是炎熱的夏天，採買生鮮食品一定要注意冷藏保鮮，攜帶保冷袋進行購物採買才能將生鮮食品的品質維持最佳，不光是要學習採買挑食材，做好保鮮帶回家也非常重要喔。

購回食材後的前處理

食材採買回家後，分別處理成各式不同調理包、醬料，這樣最能發揮最大效率。尤其是天氣炎熱的夏天，食材特別容易腐敗，買回來的食材一定要一一做好保鮮，如肉類、海鮮等大份量包裝，照每餐所需的份量先做分裝冷藏或冷凍保存，分裝包裝袋上也要註明食材內容、份量、日期等。下面我們來了解一下各種食材的前處理方法。

【蛋】

通常賣場或超市都是販售一整盒的水洗蛋，買回來也要盡快放進冰箱蛋區冷藏保存。如果是菜市場或是零售的雞蛋，買回來後先將外殼沖洗乾淨，再用紙巾擦乾，把尖的那頭朝下擺放冷藏，約可保存 5 天；或是做成書中的小菜——糖心蛋也很棒。

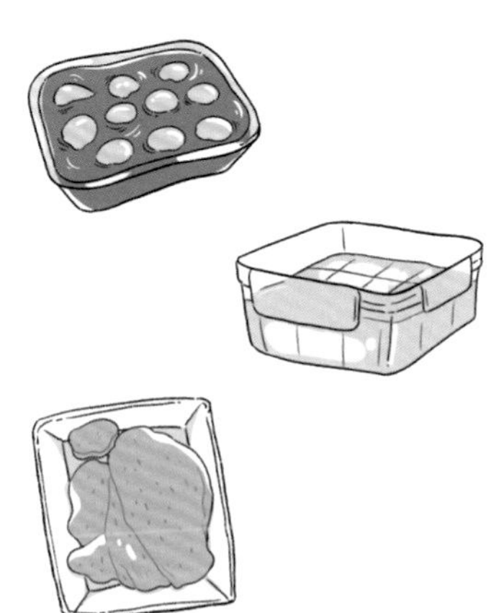

【豆腐】

豆腐店分切的豆腐買回家後，先用清水洗乾淨，放進容器裡加入超過豆腐高度的鹽水浸泡，放入冰箱冷藏，每隔兩天就換一次水，最多可以保存約 4-5 天。

【雞肉】

雞肉非常容易感染細菌，所以買回來後要馬上清洗乾淨，先用廚房紙巾擦乾，再依照所需的份量分裝來冷凍保存，或是按照我們書中的方式醃漬，以延長保存期限。

【豬肉、牛肉】

豬肉和牛肉也很容易感染細菌而造成腐敗，原則上都要先用水洗乾淨，視肉質部位進行切塊，最好是汆燙後再分裝冷藏或冷凍保存，或是按照書中的方式做好半調理常備菜或料理包等。

【葉菜】

菜市場買回的青江菜、A 菜、油菜、菠菜等葉菜類，買回來後先挑出變黃或不好的葉片，再分別攤開先晾乾水份或擦乾，讓蔬菜葉片上不要有濕氣，再分別用報紙包起，或放入保鮮盒冷藏保存，葉菜類不耐放，建議 3-4 天內趁新鮮享用完畢。

【青蔥、芹菜、香菜】

青蔥去除變黃老化部分、保留根部，用報紙包好放入塑膠袋冷藏 4-5 天，或是洗淨後倒放，濾乾水份，再將蔥切成蔥綠、蔥中段、蔥白，分別放入保鮮盒冷藏，可保存約 1 星期，若是冷凍則可以保存 1-2 個月；也可以製作成蔥油醬方便使用。

芹菜要先摘去葉片，再用報紙或包裝袋冷藏保存約 4-5 天；容易受損的香菜則是摘掉爛掉的葉子，用廚房紙巾包好後，約可冷藏一個禮拜。

【蒜頭、辣椒】

一般帶皮蒜頭購回後如果還沒有要使用，先不要剝皮，蒜頭和辣椒都可放在通風良好的地方，或用保鮮盒冰在冰箱下層冷藏；蒜頭和辣椒也可以冷凍保存，可放 1-2 個月，使用前稍微解凍或切碎後直接下鍋爆香，也很方便。或是製作成百搭的酸辣醬。

小家庭最適合製作常備菜

對於大家庭來說，購回的菜當週馬上煮食完畢或許很容易，但是對於 1-4 人的小家庭來說，最怕剩下食材推放在冰箱過期而浪費，因此這本書中設計了各式不同食材的半調理常備菜，如蔬菜類、肉品類、湯品類、海鮮類，多款小菜及各種米飯的煮法，讓你利用週末半天的時間就能準備好一週的菜單，輕鬆變化成多樣化的料理。

規劃菜單時要記得一個大原則，就是盡量運用相同食材來變化成不同的菜色，就可以避免食材沒用完。醃漬好後再依照每餐所需的份量先做分裝冷藏或冷凍保存，分裝包裝袋上也要註明食材內容、份量、日期。

在採買前先規劃出一週菜單，平常如果突然想到哪些想吃或不錯的菜色也可以隨時記錄在筆記本或手機裡，當成週末規劃菜單時的參考，或是善用這本書裡所設計的常備菜調理包和便當菜色來規劃一週的菜單。

一週常備菜的規畫訣竅

小訣竅 01 先規劃 1-2 種主菜

規劃一週菜單的小訣竅之一，是選 1-2 種重複使用相同的主菜常備菜，先找出那周你最想吃的主菜，例如牛肉、雞肉、雞腿排、肉排或海鮮等主菜，醃漬成風味不同的常備菜調理包，依照人數份量做分裝以冷凍保存，料理前只需解凍就能快速下鍋烹煮，省略繁瑣的食材備料時間。如果是一個人，我建議選 1-2 種去做搭配就好，如果是兩人生活，可以選 2-3 種主菜。

小訣竅 02 搭配 2-3 種配菜

選 3-4 種重複使用相同的配菜食材，配菜比較可以多樣化，每餐按照人數去做規劃，如果是兩人小家庭就一道主菜＋兩道配菜或小菜＋一道湯，例如蔬菜半調理調理食材中有雪裡紅的製作方式，將買回來的新鮮小芥菜、油菜或小松菜醃漬成很棒的雪裡紅，冷藏 4-5 天都沒問題。也可看情況再另外購買幾道可現炒的新鮮蔬菜作搭配，例如週一、二可搭配一道葉菜類，或是在冰箱中儲存一些比較耐放的，如根莖類蔬菜、豆製品，隨時拿出來現炒，讓每週的菜單可以達到均衡豐富的健康飲食。

小訣竅 03 湯品和小菜 2 種

常備菜湯品的分裝可以按照每餐人數去分裝，因為料理儘量都不要吃隔餐，所以如果是兩人小家庭，我通常就是分裝兩人份的湯品，每餐拿出來加熱或加工，加入不同蔬菜和菇類去煮。冷藏則常備 2-3 種小菜，如辣炒小魚乾、日式酸甜蘿蔔或糖心蛋等，搭配餐點或是便當小菜都很加分。

小訣竅 04 掌握人數和份量

採買清單的規劃重要原則之一，是掌握好食材種類及份量，妥善規劃的一週料理計畫後，按照每週會用到的份量去準備、採買，例如菜色中會使用到的紅蘿蔔、肉片或海鮮、辛香料等，依照菜單就容易掌握所需的份量，不用擔心煮不完而造成食材浪費，週末一次採購也能省去每天往返市場、賣場的時間。

利用週末事先處理好，平日下班就能快速上菜，掌握食材花費讓理財更有效率。尤其這本書裡設計各式的調理包，不光是主菜、湯品、配菜、小菜等，都有多樣化的選擇，連一週要吃的主食米飯都可以有不同的口味變化，更能讓全家人確保飲食攝取營養均衡，也養成孩子不挑食的好習慣。

便利分裝的
保存容器

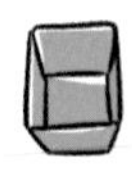

分裝的容器要先清洗乾淨，如果是盛裝醬料類，使用的瓶罐及上蓋，要先用滾水高溫殺菌，冷卻晾乾後才能裝罐使用，取用小菜和醬料時一定要使用乾淨無任何水氣的湯匙或筷子，這樣醬料或小菜才不會腐敗。

除了食品級的保鮮盒、空瓶罐之外，半調理常備菜調理包最常使用保鮮袋或是真空袋，分裝好放進冷凍庫時也要盡量將食物攤平，不僅省空間也方便解凍使用。冰塊盒則可以用來做高湯或是小份量的辛香料，或是便當菜的小份量分裝。

分裝好的常備菜調理包要註明內容物、日期、份量等，免得忘記。冰箱外也可以貼上一張清單，以先進先出的順序來使用，讓食材不浪費。

常備菜，讓料理可以一變三

這本書裡所設計的各式半調理、調理包是非常萬用的常備菜，只要從冰箱裡取出就能馬上變化出不同的菜色。如台式風味醃里肌肉，買回來的里肌肉或梅花肉，使用辛香料醃漬入味，可以變化成古早味排骨飯、肉排蛋三明治、蒜香椒鹽煎肉排，讓料理輕鬆一變三，每天的菜色都能多樣化。

豬絞肉的用途也很廣，可以作成萬用風味醃絞肉，變化出咖哩肉末粉絲、義式肉丸子、高麗菜肉末蛋餃以及小朋友最愛的軟嫩多汁漢堡排等，這些菜色不僅讓你方便快速料理，也都是好吃的便當菜。

想要喝湯時，只要從冰箱取出排骨高湯、雞湯就能變化出藥膳排骨湯、玉米蘿蔔排骨湯，甚至是韓式馬鈴薯排骨湯也能快速上桌。書中還有台式風味紅燒肉、紅燒牛肉等兩款已經滷製好的調理包，可以直接覆熱食用，也可以加工成其他料理。學會了各式調理包就能變化出多樣化的菜色，每天下班後都能吃到美味菜餚是最幸福的時刻。

YOU MEAN A
dill
TO ME

CHAPTER 02

週末超前準備
常備菜主菜

只要週末預先醃漬好雞肉、豬肉、牛肉、海鮮等
就可以在下班後取出半調理食材加以料理，
一道菜 10 分鐘馬上就能上桌。

主菜常備菜。雞肉

香料風味雞胸肉

半調理食材

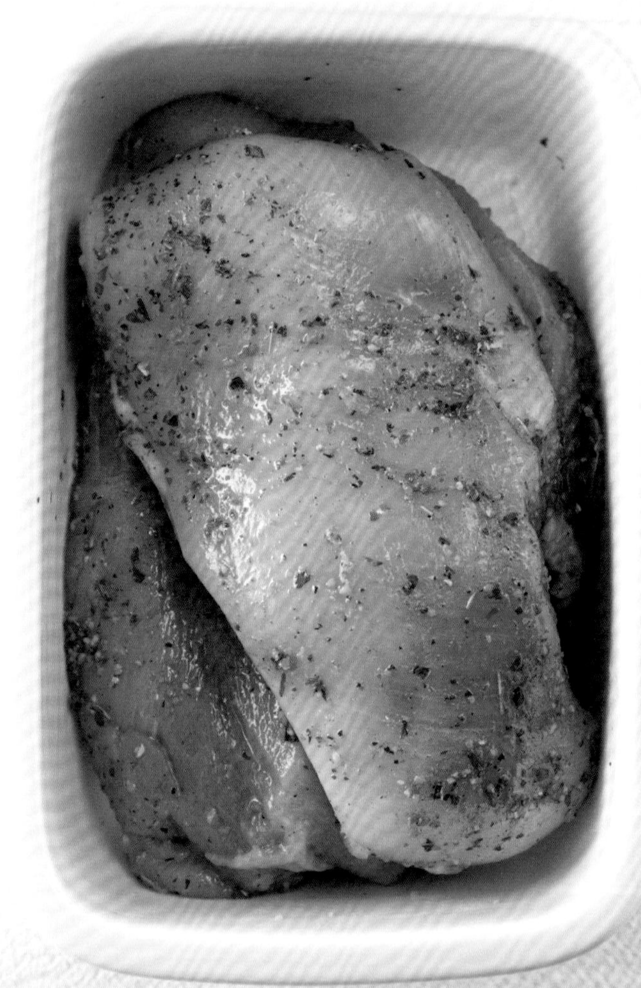

變化料理

01 香煎嫩雞佐蔥油醬

03 嫩雞炒鮮蔬

02 雞肉佐藜麥溫沙拉

04 麻醬涼拌雞絲

4-5 天
冷藏保存

1-2 個月
冷凍保存

食材

雞胸肉…6 塊（一塊約 150g）
橄欖油…3 大匙
香料粉
- 鹽…2 小匙
- 義式香料…1 小匙
- 香蒜粉…1 小匙
- 煙燻紅椒粉…1 小匙
- 黑胡椒粉…1 小匙

作法

1 將雞胸肉洗淨，用紙巾擦乾水分。

2 較厚的雞胸肉可以用刀片開，使肉片厚度均勻。

3 將雞胸肉攤平，均勻灑上香料粉、再淋上橄欖油，稍微將雞胸肉抓醃入味。

4 可按照所需份量做分裝冷藏或冷凍保存，冷藏醃漬 2 小時後即可用於料理或冷凍保存。

1

2
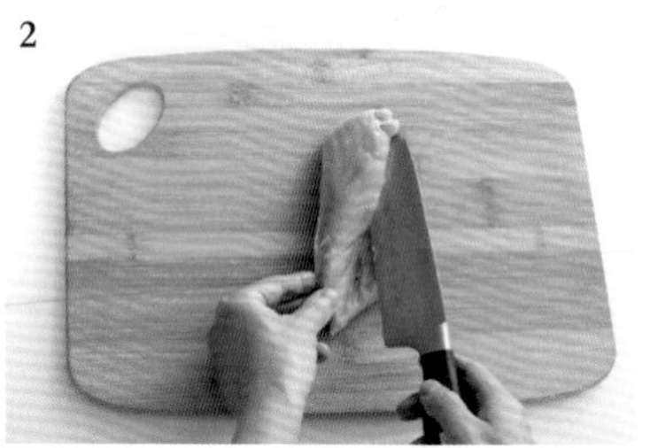

3

4

Pseudo-science

01 香煎嫩雞佐蔥油醬

食材（1 人份）

香料風味雞胸肉⋯ 1 塊
蔥油醬⋯1-2 大匙（作法請見 p178）

作法

1 將平底鍋以中火熱油鍋後，放入香料風味雞胸肉鍋煎至兩面上色，即可起鍋。

2 待雞肉稍微冷卻後切成片狀後盛盤，淋上蔥油醬即可享用。

02 嫩雞炒鮮蔬

食材（4 人份）

香料風味雞胸肉 1 塊、洋蔥 1/4 顆、彩椒（紅、黃）各 1/2 顆、甜碗豆適量、蒜頭 2 瓣、辣椒 1 根、米酒 1 大匙、鹽 1/2 小匙、黑胡椒粉少許

1 將香料風味雞胸肉切成條狀；蒜頭切成蒜末；辣椒切斜片；洋蔥切絲；彩椒切條狀。

2 熱油鍋後，放入雞胸肉炒至半熟，先起鍋備用；原鍋再放入蒜末、洋蔥絲爆香，甜碗豆、彩椒下鍋一起炒。

3 最後放入半熟的雞胸肉拌炒，沿鍋邊嗆入米酒 1 大匙，最後加入鹽、黑胡椒粉調味，即可盛盤。

Homemade
LA PETITE CUISINE

03

雞肉佐藜麥溫沙拉

食材（1 人份）

香料風味雞胸肉…1 塊
藜麥（熟）…50g
綜合生菜…適量
小番茄…5 顆
油醋醬…1-2 大匙（作法請見 p180）

AMY 老師小叮嚀

生藜麥膨脹率約 3-4 倍，所以生藜麥約 15g 就可以煮出約 50g 的熟藜麥。藜麥膳食纖維和蛋白質豐富，除了可加入白米中煮成米飯，也可以一次多蒸熟一些，放涼後分裝在冷凍庫裡，隨時可以取用，拌入沙拉或是煮粥、加入甜點一起吃都很棒。

作法

1 生藜麥稍微沖洗乾淨，放入電鍋蒸熟。

2 綜合生菜洗淨、切片；小番茄切半。

3 平底鍋以中火熱油鍋後，放入香料風味雞胸肉煎至兩面上色，即可起鍋。

4 待稍微冷卻後切成片狀，搭配藜麥、生菜沙拉盛盤，食用前再淋上油醋醬汁。

04

麻醬涼拌雞絲

食材（2 人份）

香料風味雞胸肉 1 塊（約 150g）、花生米適量、芝麻醬 1-2 大匙（作法請見 p182）

1 將香料風味雞胸肉先用電鍋蒸熟，放涼後剝成雞絲盛盤。

2 雞絲淋上自製芝麻醬、灑上花生米即完成。

日式風味去骨雞腿排

半調理食材

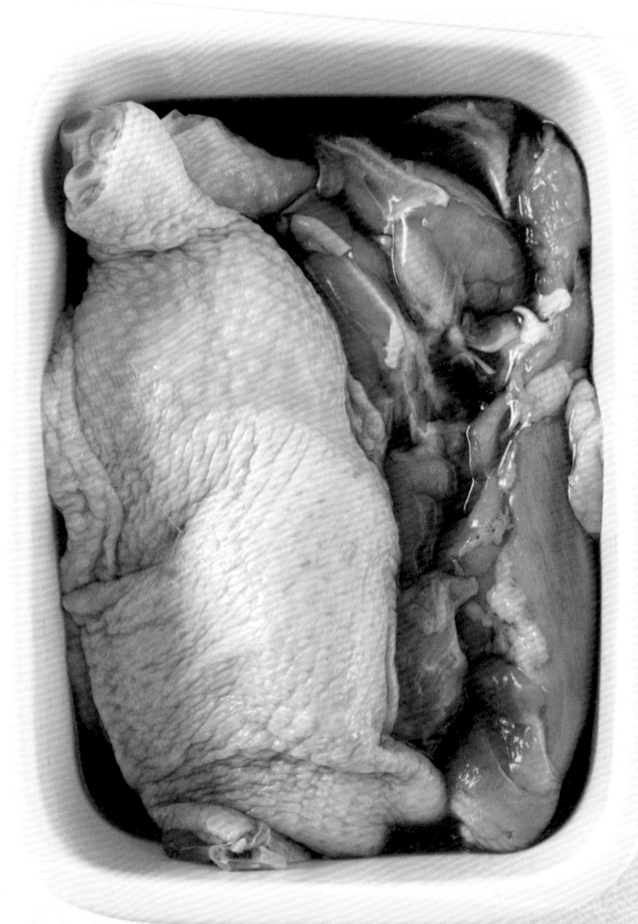

變化料理

01 照燒雞腿排

02 唐揚炸雞

03 親子丼

04 韓式辣味炸雞

05 椒麻雞

4-5 天
冷藏保存

1-2 個月
冷凍保存

食材

去骨雞腿肉… 8 塊
醬油…3 大匙
味醂…2 大匙
清酒…1 大匙
薑泥…1 小匙

1

2

3

4
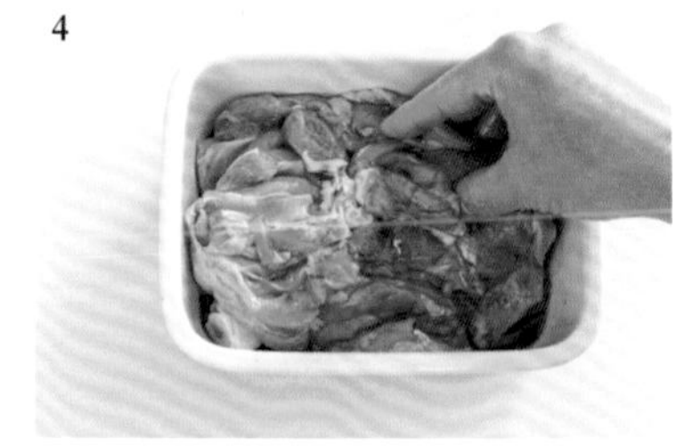

作法

1 去骨雞腿肉切除多餘肥油部分，洗淨後用廚房紙巾擦乾水份。

2 醬汁先調拌均勻。

3 取一個大保鮮盒或保鮮袋，放入去骨雞腿肉、倒入醬汁。

4 稍微抓醃 10-20 分鐘，即可依照所需份量做分裝，冷藏或冷凍保存。

01 照燒雞腿排

食材（1 人份）

日式風味去骨雞腿排…1 塊
高麗菜…50g
白芝麻粒（熟）…少許
醬油…1 大匙
味醂 …1 大匙
開水…1 大匙

作法

1 高麗菜洗淨後先泡入冰水；瀝乾、切成細絲。

2 中小火熱油鍋後，雞腿排下鍋煎至兩面金黃上色，鍋中倒入醬油 1 大匙、味醂 1 大匙、開水 1 大匙，煮至醬汁濃稠即可熄火。

3 將照燒雞腿排切塊盛盤，淋上剩餘醬汁，再灑上少許的白芝麻粒、搭配高麗菜絲即可。

AMY 老師 小叮嚀

雞腿排好吃的祕訣，在於下鍋時帶雞皮的部分要朝下先煎，火也不要開太大，這樣可以逼出雞皮中的油脂，煎好的雞腿排就會酥脆軟嫩唷。

雞肉

02 唐揚炸雞

食材（2 人份）

日式風味去骨雞腿排⋯ 1 塊
雞蛋⋯1 顆（打散爲蛋汁）
地瓜粉⋯適量
食用油⋯1 杯
生菜⋯適量
檸檬⋯兩片

作法

1 將日式風味去骨雞腿排切塊（適口大小），再裹上蛋汁。

2 切好的雞塊輕輕在地瓜粉上滾動使均勻沾附，靜置一會使粉類反潮（反潮至醃料的顏色透出來，表示乾粉被吸附得更好，下油鍋時才不會一下子就散開）。

3 鍋裡放入 1 杯油中小火燒熱。（判斷程度爲乾淨的筷子插入油裡會冒小泡即可，切勿加熱到冒煙），再小心放入雞塊油炸，放入時先不要翻動，待底面炸到酥黃，可輕易鏟動時再翻面，炸到外表呈現金黃即可。

4 如果擔心雞塊未熟透，不妨先將雞塊撈出，讓油鍋裡的油溫再次拉高後再重新放入雞塊進行搶酥，這樣一來雞塊炸熟了，外表也能更酥脆，同時也能逼出一些油；最後將炸好的雞塊放在廚用吸油紙上吸除多餘油脂。

03 親子丼

食材（2 人份）

日式風味去骨雞腿排 1 塊、洋蔥（小）1 顆、雞蛋 2 顆、白飯 2 碗、水 150c.c.、醬油 2 大匙、味醂 2 大匙、清酒 1 大匙（或是用水取代）

1 將去骨雞腿排切成適當大小；洋蔥切條狀；雞蛋打散爲蛋汁；醬汁拌勻備用。

2 鍋中放入醬汁、雞肉、洋蔥中小火煮滾，直到雞肉全熟、洋蔥變透明 。

3 淋上蛋液，蓋上鍋蓋以大火煮 10-20 秒即可，鋪在香噴噴的白飯上，超級下飯的親子丼就完成囉。

04 韓式辣味炸雞

食材（2 人份）

日式風味去骨雞腿排…1 塊
雞蛋…1 顆
地瓜粉…適量
韓式辣味醬…2-3 大匙（作法請見 p184）
食用油…1 杯

作法

1 將日式風味去骨雞腿排切塊（適口大小）再裹上蛋汁，醃好的雞塊輕輕在地瓜粉上滾動使均勻沾附，靜置一會使粉類反潮。

2 鍋裡放 1 杯油（起油炸鍋），中小火燒熱，小心放入雞塊，先不翻動，待底面炸到酥黃，可輕易鏟動時再翻面，炸到外表呈現金黃即可起鍋。

3 另一鍋將韓式辣醬倒入鍋中，小火煮至冒泡，加入炸好的雞肉混合均勻即可。

05 椒麻雞

食材（2 人份）

日式風味去骨雞腿排 1 塊、地瓜粉適量、高麗菜絲 2 大片、花生米（熟）1 大匙、香菜末 1 株

【椒麻醬汁】

辣籽油、蒜末、辣椒末、檸檬汁、醬油各 1 大匙
糖、烏醋、芝麻香油各 1 小匙

1 取一小碗，放入椒麻醬汁食材攪拌均勻即可備用；盤中放入一層薄地瓜粉，將日式風味去骨雞腿排雙面均勻沾上地瓜粉（可輕壓讓粉沾黏牢固一點），並放置約 3-5 分鐘使粉反潮。

2 熱鍋，開小火並放入少許的油，油熱後放入雞腿（皮面先朝下），煎至雙面成金黃色即可盛起、切塊。

3 高麗菜絲鋪入盤中，放上煎好的雞腿切塊，再淋上調製好的椒麻醬汁，撒上香菜末、花生米即完成。

主菜常備菜。豬肉

台式風味醃里肌肉

半調理食材

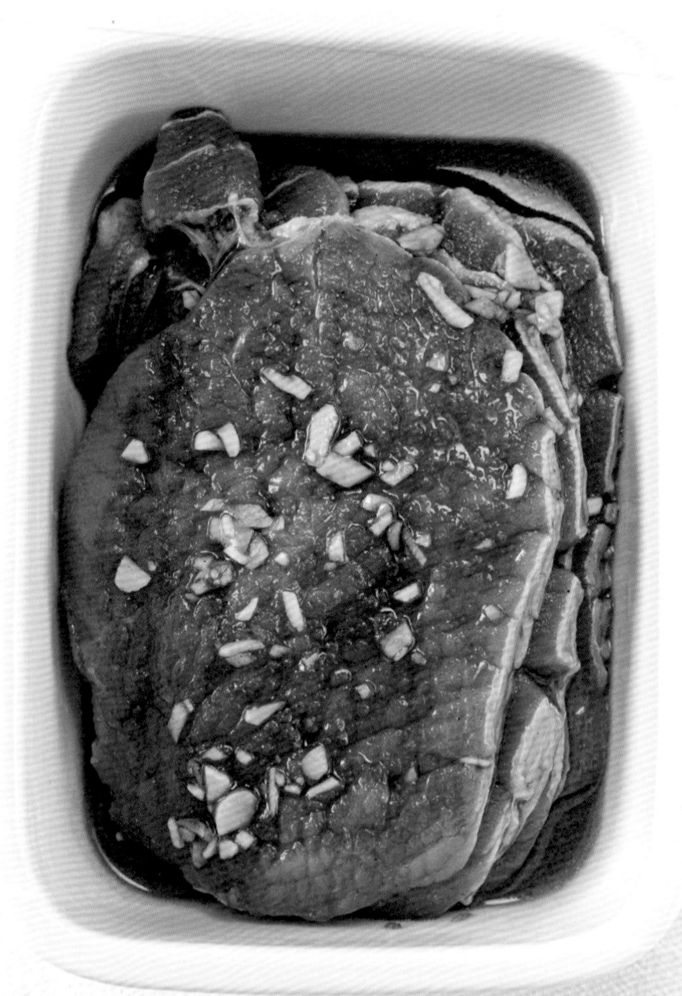

變化料理

01 古早味排骨飯

02 蒜香椒鹽香煎肉排

03 肉排蛋三明治

04 台式烤肉蓋飯

4-5 天
冷藏保存

1-2 個月
冷凍保存

食材

里肌肉或梅花烤肉片…600g（約 6-7 塊）
醃料

- 醬油…2 大匙
- 米酒…2 大匙
- 糖…2 小匙
- 蒜末…2 大匙
- 五香粉…2 小匙
- 白胡椒粉…2 小匙
- 芝麻香油…1 大匙

作法

1 將里肌肉片用肉槌稍微拍鬆，筋膜邊可稍微切斷。

2 醃料放入碗中拌勻。

3 將醬汁倒入肉片裡抓醃均勻。

4 再依所需的用量分裝至袋中或保鮮盒中（一片片攤平、方便拿取），冷藏或冷凍保存

1

2

3

4

01 古早味排骨飯

食材（1 人份）

台式風味醃里肌肉…1 片
蛋汁…2 大匙
地瓜粉…適量
配菜 2-3 道…各 50g
（雪裡紅、炒青菜、油漬小番茄均可）
白飯…1 碗

作法

1 台式風味醃里肌肉加入蛋汁抓醃，再均勻裹上地瓜粉、靜置一會使粉類反潮。

2 平底鍋放入適量的油，用中火熱鍋後，放入裹好的里肌肉，以半煎半炸方式炸至金黃上色。

3 碗中放入白飯，再放上炸好的排骨、配菜等，即可享用。

02 香蒜煎肉排 香椒鹽

食材（3 人份）

台式風味醃里肌肉 3 片、蔥 2 根、蒜頭 3 瓣、辣椒 1 根、胡椒鹽適量

1 蔥切成蔥白及蔥綠；蒜頭切碎；辣椒切碎。

2 起油鍋，放入台式風味醃里肌肉排煎至金黃色且有焦香，起鍋後略切盛盤。

3 沿用原鍋，放入蒜末、蔥白炒香，再加入蔥綠、辣椒、胡椒鹽拌炒均勻，起鍋後鋪在肉排上即可。

03 肉排蛋三明治

食材（1人份）

台式風味醃里肌肉…1片
吐司…兩片
雞蛋…1顆
起司片…1片
沙拉醬…適量

作法

1 平底鍋以中小火熱鍋後，放上吐司片烘烤至兩面上色（亦可用烤箱）；原鍋倒入少許油，將雞蛋下鍋煎成荷包蛋，起鍋備用。

2 台式風味醃里肌肉下鍋，煎至兩面焦香上色，再放上起司片使其融化。

3 將烤好的吐司片、依序放上肉排、起司、荷包蛋、擠上少許沙拉醬，再蓋上吐司片稍微壓實，對半切開即為美味三明治。

04 台式烤肉蓋飯

食材（1人份）

台式風味醃里肌肉2片、生菜適量、蔥花適量、雞蛋1顆、白飯1碗

1 中小火起油鍋，放入雞蛋煎成荷包蛋，起鍋備用。

2 沿用原鍋放入台式風味醃里肌肉煎至金黃焦香，盛起即為烤肉片。

3 白飯放入碗中，放上生菜、荷包蛋、烤肉片，再撒上蔥花即完成台式烤肉蓋飯。

萬用風味醃絞肉

半調理食材

變化料理

01 軟嫩多汁漢堡排
02 高麗菜肉末蛋絞
03 義式肉丸子
04 咖哩肉末粉絲
05 三色丼
06 香菇肉燥

4-5 天
冷藏保存

1-2 個月
冷凍保存

食材

豬絞肉⋯600g
醬油⋯2 大匙
米酒⋯1 大匙
糖⋯1/2 大匙
蒜末⋯1 大匙
胡椒粉⋯1 小匙
開水⋯3 大匙
芝麻香油⋯1 大匙

1

2

3

4

作法

1 豬絞肉用刀子稍微剁碎。

2 放入大碗中，依序加入醬油、米酒、糖、蒜末、胡椒粉，用筷子以順時針方向攪拌。

3 攪拌過程中分次加入水，讓絞肉吸收水份。

4 最後再加入芝麻香油拌勻即可分裝保存。

豬肉

01 軟嫩多汁漢堡排

食材（2 人份）

萬用風味醃絞肉…200g
洋蔥丁…30g
吐司…1/2 片
鮮奶…50c.c.
咖哩塊…1 塊
水…100c.c.

作法

1 吐司去邊切丁，放入鮮奶中泡軟；絞肉加入泡軟的吐司、洋蔥丁拌勻，再將絞肉分成四等份，分別滾圓，再壓成肉餅狀。

2 平底鍋以中小火熱油鍋，漢堡排下鍋，蓋上鍋蓋煎至漢堡排表面上色，開蓋，翻面煎成金黃上色，漢堡排先起鍋盛盤。

3 沿用原鍋，倒入 100c.c. 的水煮開，放入咖哩湯塊煮至融化即可，把咖哩醬汁淋在漢堡排上，搭配白飯就超好吃。

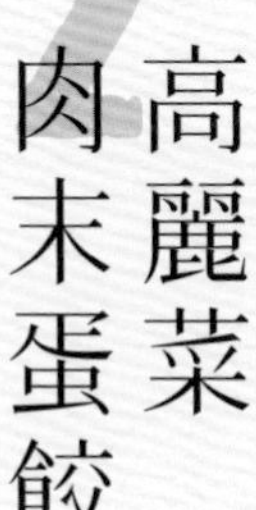

02 高麗菜肉末蛋餃

食材（1 人份）

萬用風味醃絞肉 60g、高麗菜 100g、雞蛋 3 顆

1 高麗菜切碎；雞蛋打散成蛋汁，均備用。

2 中小火起油鍋，放入絞肉炒至鬆散，先推至鍋邊，加入高麗菜碎炒軟，再和絞肉一起拌炒至絞肉熟後起鍋。

3 另起一鍋，鍋裡抹少許油，取 2 大匙的蛋汁下鍋，待邊緣凝結時再放入 1 大匙的高麗菜絞肉，蛋皮對折蓋上為蛋餃狀，兩面定型即可盛起，把剩餘的蛋汁和內餡使用完。

4 蛋餃可以直接吃，也可以煮火鍋時使用。

豬肉

03 義式肉丸子

食材（2 人份）

番茄紅醬…200g（可用義大利罐頭番茄）
蒜末…1/2 大匙
黑胡椒粉…適量
巴西里…適量
橄欖油…適量
肉丸材料
- 萬用風味醃絞肉…200g
- 牛絞肉…150g
- 雞蛋…1 顆
- 洋蔥丁…1/4 顆
- 帕瑪森起司粉…20g
- 麵包粉…20g
- 紅椒粉…1 小匙
- 黑胡椒…適量
- 鹽…1/2 小匙
- 牛奶…10c.c.

作法

1 將牛豬絞肉、洋蔥丁、紅椒粉、麵包粉、蛋、牛奶、帕瑪森起士粉、鹽和黑胡椒一起拌勻，把肉糰揉到出現黏性後捏成圓球狀，放入冷藏半小時。

2 平底炒鍋倒入橄欖油後開中小火，放入冷藏過的肉丸煎至七分熟後取出備用。

3 用原鍋炒香蒜末，倒入番茄紅醬、鹽和黑胡椒煮滾，再把煎過的肉丸放回鍋中，用中小火煮，邊煮邊將醬汁淋在肉丸上，大約五分鐘即可盛盤。

4 最後灑上巴西里和帕瑪森起士粉（份量外），即可享用。

04 咖哩肉末粉絲

食材 （2 人份）

萬用風味醃絞肉…150g
冬粉…2 把
蒜末…2 瓣
蔥…1 根
辣椒末…1 根
咖哩粉…1 大匙
雞高湯…100c.c.
鹽、白胡椒粉…各少許
芝麻香油…1 小匙

作法

1 蔥切成蔥白及蔥綠；冬粉用水泡軟後略剪。

2 起油鍋，放入蒜末、蔥白以中小火爆香，轉中大火放入醃絞肉炒至鬆散狀，再加入咖哩粉拌炒出香氣。

3 加入冬粉、雞高湯一起煨煮入味，最後加入少許的鹽、胡椒粉、芝麻香油調味，再灑上蔥綠、辣椒末即完成。

AMY 老師
小叮嚀

炒咖哩粉的過程中要注意火侯，若是火大太則容易燒焦，咖哩易產生苦味。冬粉可以用溫水泡，大約 10 分鐘就會軟了，再用剪刀剪幾段，吃的時候比較好入口。

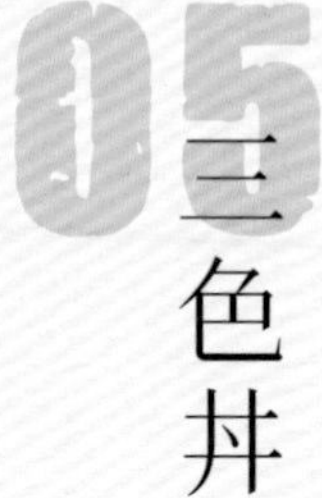

05 三色丼

食材（2人份）

萬用風味醃絞肉 100g、雞蛋 2 顆、四季豆 100g、白飯 2 碗、鹽適量、胡椒粉少許

1 雞蛋打散，加入少許鹽拌勻；四季豆切丁。

2 中小火熱油鍋，將蛋汁下鍋炒至鬆散狀，盛起備用；沿用原鍋，四季豆下鍋炒至全熟，加入少許的鹽、胡椒粉調味，起鍋備用。

3 放入豬絞肉炒至鬆散狀，炒香即可起鍋；白飯放入碗中，分別鋪上絞肉、炒雞蛋、四季豆即可。

06 香菇肉燥

食材（3人份）

萬用風味醃絞肉 300g、乾香菇 5 朵、蒜末 1 大匙、芝麻香油 1 大匙、水 150c.c.、醬油 2 大匙、糖 1 小匙、米酒 1 大匙

1 乾香菇用水泡軟，切成細丁，香菇水留下備用。

2 開中小火，鍋裡放入 1 大匙芝麻香油，放入蒜末、香菇丁炒香後再加入絞肉拌炒上色。

3 加入調味料拌炒均勻，倒入香菇水、水 150c.c. 煮滾，蓋上鍋蓋轉小火煮 20 分鐘即完成香菇肉燥。

台式風味紅燒肉

調理包

變化料理

01 台式刈包

02 滷肉燒豆腐

03 什錦蘿蔔滷肉

4-5 天
冷藏保存

1-2 個月
冷凍保存

食材

帶皮五花肉…1000g
青蔥…2 根
薑片…5 片
蒜頭…8 瓣
紅辣椒…1 根
八角…1 粒
水…450c.c.
花雕酒或米酒…250c.c.
醬油…80c.c.
冰糖…2 大匙
白胡椒粉、五香粉…各 1 小匙

1

2

作法

1 將帶皮蒜頭拍裂；蔥切段；帶皮五花肉切成 1.5cm 的厚度塊狀，用熱水汆燙後洗淨、瀝乾，加入胡椒粉、五香粉及少許醬油（份量內）抓醃 15 分鐘。

2 熱鍋，開中火，放入五花肉下鍋煸出油，至兩面上色時先起鍋備用；沿用原鍋裡的豬油，蔥白、蒜頭、薑片下鍋爆香，再放入五花肉拌炒。

3 移入滷鍋中倒入醬油、冰糖炒出醬香味，加入花雕酒或米酒煮至酒精揮發，再加入辣椒、八角、蔥綠及水煮滾。

4 蓋上鍋蓋，轉小火燉煮 50 分鐘，燉煮至五花肉軟嫩即完成，待冷卻後可依所需份量把肉片和滷汁做分裝冷藏、冷凍保存。

3

4

豬肉

01 台式刈包

食材（2 人份）

台式風味紅燒肉⋯ 2 片
刈包⋯2 份
辣炒酸菜⋯適量（作法請見 p176）
香菜⋯少許
花生粉⋯適量

作法

1 取出台式風味紅燒肉用小鍋加熱；刈包放入電鍋蒸熱。

2 刈包依序放入炒酸菜、紅燒肉、香菜，再灑上花生粉即可享用。

滷肉燒豆腐

食材（4 人份）

台式風味紅燒肉 250g、油豆腐 6 塊、蔥花適量

1 取一個燉鍋放入台式風味紅燒肉、油豆腐，開中小火煮滾。

2 蓋上鍋蓋、轉小火燉煮 10 分鐘，等豆腐入味後灑上蔥花即完成。

03 什錦蘿蔔滷肉

食材（4 人份）

台式風味紅燒肉調理包…300g
乾香菇…5 朵
白蘿蔔…200g
紅蘿蔔…100g
海帶結…10 個
鹽…適量

作法

1 紅、白蘿蔔去皮、切塊；海帶結用水泡開；乾香菇用水泡軟（保留香菇水）。

2 取一個燉鍋，放入紅、白蘿蔔、台式紅燒肉調理包、海帶結及香菇、香菇水一起開中小火煮滾。

3 蓋上鍋蓋，轉小火慢燉約 20 分鐘，待蘿蔔入味即可，試試味道可再加入少許的鹽。

AMY 老師小叮嚀

台式風味紅燒肉分裝成調理包時，可以把肉片和醬汁一起裝入，這樣在做變化料理上就能更好的運用。調理包除了直接覆熱食用，加入喜歡的材料一起滷製就變成另外一道菜，相當方便美味。

紅燒牛肉

調理包

變化料理

01	02	03	04	05
日式咖哩	麻辣牛肉乾拌麵	牛腩燴飯	焗烤牛肉烤飯	紅燒牛腩煲

4-5 天
冷藏保存

1-2 個月
冷凍保存

食材

牛腱（牛肋條或牛腩）… 1200g
洋蔥（中型）…1 顆
蕃茄…1 顆
薑片…3 片
蒜頭…3 瓣
辣椒…2 根
蔥…2 根
高湯或水…2000c.c.
調味料
- 牛肉滷包…1 包（市售滷包皆可）
- 辣豆瓣醬…2 大匙
- 沙茶醬…1/2 大匙
- 醬油…4 大匙
- 冰糖…1/2 大匙
- 米酒…150c.c.
- 黑胡椒粉…1 小匙
- 鹽…適量

作法

1 將牛肋條或牛腱切塊（大塊，燉煮後會變小塊一些）用熱水汆燙去血水，再將牛肉塊放入平底鍋中煎至表面上色，起鍋備用。

2 洋蔥切塊；番茄切半；蒜頭拍裂；蔥切段，準備一個湯鍋放入油燒熱，再放入洋蔥、蒜頭、蔥白及薑片爆香，再加入豆瓣醬、沙茶醬炒香，最後倒入冰糖、醬油煮出醬香味。

3 牛肉塊下鍋拌炒上色，依序加入米酒、滷包、番茄、蔥綠、辣椒及高湯，轉中大火煮至酒精揮發，煮滾後蓋上鍋蓋，小火慢燉 60 分鐘。

4 牛肉煮軟後，加入鹽、黑胡椒粉做調味，等冷卻後再依照份量做分裝成調理包，冷藏、冷凍保存。

1

2

3

豬肉

01 日式咖哩

食材（2人份）

紅燒牛肉調理包…300g
洋蔥…1顆
馬鈴薯…2顆
紅蘿蔔…1根
咖哩塊…1/2盒（約90g）
咖哩粉…1大匙
黑巧克力塊（75%）…20g
雞高湯…700c.c.

作法

1 將洋蔥、紅蘿蔔及馬鈴薯均去皮、切塊；紅燒牛肉調理包分別取出牛肉塊及醬汁備用。

2 起油鍋，放入洋蔥以中小火炒至透明狀，加入咖哩粉炒香，再加入紅蘿蔔、馬鈴薯鍋拌炒均勻。

3 倒入紅燒牛肉的醬汁、雞高湯煮滾，放入紅燒牛肉塊轉小火燉煮20分鐘，煮至馬鈴薯鬆軟後熄火，最後加入咖哩塊、黑巧克力拌勻，即為濃郁的咖哩醬汁。

AMY老師 小叮嚀

熄火後再加入咖哩塊，可以讓咖哩香氣不流失，添加少許的黑巧克力是讓咖哩更好吃的祕訣之一，黑巧克力的可可風味可以緩和咖哩辛香味，以及增添咖哩醬汁的層次口感，讓咖哩更濃郁滑順。

豬肉

02 麻辣牛肉乾拌麵

食材（1 人份）

紅燒牛肉調理包…200g
小白菜或青江菜…1 小把
辣籽油…1 大匙
醬油…1 小匙
辣椒末…適量
蔥花…適量
好勁道麵條…1 人份

作法

1 將紅燒牛肉調理包倒入小鍋裡加熱備用；將辣籽油、醬油及 2 大匙的紅燒醬汁一起放入大碗中拌勻。

2 煮一鍋滾水，放入麵條煮至喜歡的軟硬度、撈出；放入青菜燙熟、撈出。

3 麵條放入步驟 1 的醬汁大碗中拌勻，擺上紅燒牛肉塊、青菜，灑上蔥花及辣椒末即可。

03 牛腩燴飯

食材（2 人份）

紅燒牛肉調理包 300g、洋蔥 1/4 顆、彩色甜椒（紅、黃）1/4 顆、綠花椰菜適量、蒜片 1 瓣、粗黑胡椒粒 1 小匙、高湯 100c.c.、太白粉水（芶芡用）適量、白飯 2 碗

1 將洋蔥及彩椒切塊；綠花椰菜燙熟，均備用。

2 起油鍋，放入蒜片、洋蔥以中小火炒出香氣，再加入紅燒牛肉調理包、高湯一起煮滾，再加入彩色甜椒拌炒均勻，淋上少許的太白粉水芶薄芡爲牛腩醬汁。

3 白飯盛盤後，淋上煮好的牛腩醬汁，搭配水煮花椰菜、灑上蔥花即完成。

豬肉

04 焗烤牛肉烤飯

食材（1 人份）

紅燒牛肉調理包… 150g
水煮花椰菜、乳酪絲各…適量
黑胡椒粉…少許
白飯…1 碗

作法

1 將紅燒牛肉調理包倒入小鍋裡加熱，淋在白飯上。

2 放上水煮花椰菜、鋪上乳酪絲，放進事先預熱 210℃的烤箱，烘烤 8-10 分鐘。

3 待乳酪絲烤至金黃上色即可出爐，灑上少許的黑胡椒粉就可以囉。

05 紅燒牛腩煲

食材（2 人份）

紅燒牛肉調理包 300g、洋蔥（中）1/2 顆、白蘿蔔 150g、紅蘿蔔 100g、甜碗豆 8 根、蔥花 1 大匙、黑胡椒粉適量、高湯 150c.c. 、太白粉水（勾芡用）適量

1 將洋蔥、白蘿蔔及紅蘿蔔去皮再切塊；紅燒牛肉調理包分別取出牛肉塊及醬汁備用。

2 中小火熱油鍋，洋蔥下鍋炒至透明狀，再加入紅、白蘿蔔塊、高湯及醬汁煮滾，加入紅燒牛肉塊蓋上鍋蓋、轉小火一起燉煮 15 分鐘。

3 蘿蔔塊煮軟後再加入甜碗豆煮約 1 分鐘，最後加入太白粉水做芶芡，灑上少許的黑胡椒粉、蔥花即可熄火。

主菜常備菜。鮮魚

味噌風味醃魚

半調理食材

變化料理

01	02	03
西京燒	白蘿蔔味噌燉魚	紙包蒜香味噌魚

4-5 天
冷藏保存

1-2 個月
冷凍保存

食材

魚排、魚片… 600g
（鱈魚或比目魚、鯛魚片、鮭魚、鯖魚、土魠魚、旗魚皆可）
和風味噌醬…2-3 大匙（作法請見 p186）

作法

1 將魚肉清洗乾淨，用紙巾擦乾水分。

2 取味噌醬先拌勻。

3 魚肉兩面均勻抹上味噌醬。

4 抹上味噌醬的魚片再分裝放入保鮮盒或保鮮袋，冷藏、冷凍保存。

1

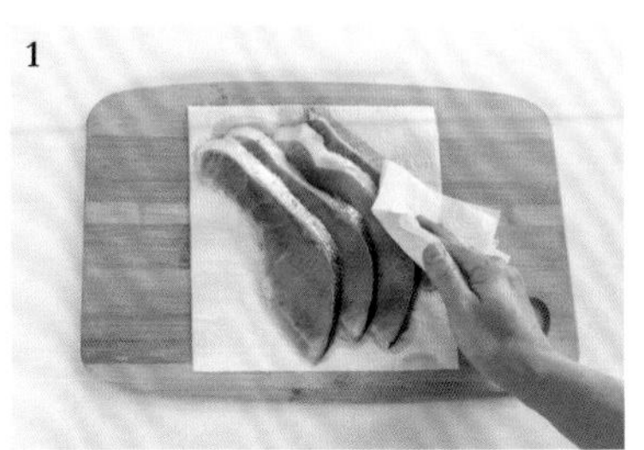

2

3

4

鮮魚

01 西京燒

食材（1 人份）

味噌風味醃魚（鮭魚或鱈魚）…1-2 片

作法

1 取出醃漬兩天入味的味噌風味醃魚，把魚上面的味噌醬汁刮除乾淨。

2 烤箱先預熱 180℃，烤盤鋪上烘焙紙後再放上醃魚，放入烤箱烤至金黃上色（烘烤時間約 12 分鐘，視魚片大小）

3 烤好後即可盛盤享用囉。

02 白蘿蔔味噌燉魚

食材（2 人份）

味噌風味醃魚 1 片、白蘿蔔 250g、薑片 3 片、奶油 15g、日式高湯 300c.c.

1 將味噌風味醃魚切成塊狀；白蘿蔔去皮、切 0.5 公分厚圓片。

2 鍋中放入日式高湯、白蘿蔔、薑片，開中小火煮滾，等蘿蔔煮軟後再放入魚肉，轉小火燉煮約 8-10 分鐘。

3 白蘿蔔味噌燉魚盛盤後，放上小塊奶油即可。

ANDREA

03

紙包蒜香味噌魚

食材（1 人份）

味噌風味醃魚…1 片
蘆筍…50g
玉米筍…5 支
馬鈴薯（小）…1 顆
小番茄…5 顆
蒜片…2 瓣
黑胡椒粉、胡椒鹽…各少許
橄欖油…1 大匙
烘焙紙…1 張

作法

1. 將馬鈴薯去皮、切小塊；玉米筍、蘆筍切段，先用滾水汆燙熟，並灑上黑胡椒粉及橄欖油備用；小番茄切半。
2. 烤盤上舖上烘焙紙，放上 2/3 的蔬菜、味噌風味醃魚、剩餘的蔬菜及小番茄、蒜片，灑上胡椒鹽及橄欖油後將烘焙紙完全包起來。
3. 放進預熱好的烤箱 210℃烤 12 分鐘，烤好即可。

AMY 老師 小叮嚀

味噌風味醃魚使用鮭魚或鱈魚都可以，運用紙包起來烤的技巧，食材比較不容易燒焦，是比較健康的作法，而且運用廣泛，也可以使用不同調味做檸檬紙包魚、剁椒紙包魚等等。

主菜常備菜。海鮮

茄汁蝦仁

半調理食材

變化料理

01 茄汁蝦仁豆腐

02 茄汁蝦仁炒飯

03 茄汁蝦仁義大利麵

04 焗烤茄汁蝦仁飯

3天
冷藏保存

3週
冷凍保存

食材

新鮮蝦仁…300g
番茄醬汁（作法同 p188）
- 整粒番茄罐頭… 1 罐（約 400g）
- 洋蔥丁…100g
- 蒜末…1 大匙
- 橄欖油…3 大匙
- 糖…2 小匙
- 鹽…1 小匙
- 黑胡椒粉…1/3 小匙

作法

1 鍋中倒入橄欖油、放入蒜末、洋蔥丁小火慢慢煸香，炒至洋蔥呈現透明狀。

2 加入番茄罐頭，用鍋鏟或打蛋器將番茄壓碎，一邊攪拌一邊壓碎。

3 煮至醬汁成濃稠狀時，放入蝦仁拌炒。

4 加入糖、鹽及黑胡椒粉煮至蝦仁熟了即可熄火，待冷卻後即可分裝冷藏或冷凍保存。

1

2

3

4

海鮮

01 茄汁蝦仁豆腐

食材（1 人份）

茄汁蝦仁…150g
嫩豆腐…1 盒
洋蔥…60g
蔥…1 根
橄欖油…1 大匙

作法

1 蔥切成蔥白及蔥綠；洋蔥去皮、切丁；豆腐切小塊，均備用。
2 熱油鍋，放入蔥白及洋蔥以中小火炒至香氣釋出。
3 再放入豆腐、茄汁蝦仁下鍋拌炒均勻，煮滾後加入蔥綠即可盛盤。

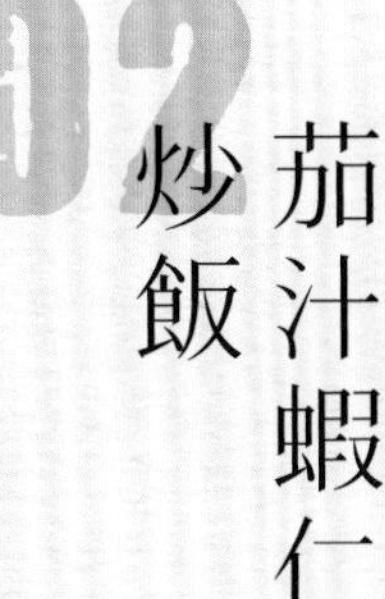

02 茄汁蝦仁炒飯

食材（1 人份）

茄汁蝦仁 80g、白飯 1 碗、蔥 1 根、雞蛋 1 顆、鹽少許、食用油 1 大匙

1 蔥切成蔥白及蔥綠；雞蛋打散加入白飯裡拌勻。
2 熱油鍋，放入蔥白以中小火爆香，轉中大火後倒入白飯拌炒成鬆散狀。
3 加入茄汁蝦仁、鹽拌炒均勻，熄火前撒上蔥綠即可盛盤。

Herbs & Spices
Green Gardens · Farmers Market
PROVENCE

03 茄汁蝦仁義大利麵

食材（1 人份）

茄汁蝦仁…100g
義大利麵…1 人份
花椰菜或蘆筍…適量
蒜片、橄欖油…各 1 大匙
義式香料粉…1 小匙

作法

1 煮一鍋滾水，加入 1 大匙鹽（份量外），放入義大利麵下鍋煮至 8 分熟、撈起；花椰菜燙熟備用。

2 平底鍋倒入橄欖油，小火炒香蒜片，加入義大利麵後轉中火拌炒均勻，再加入茄汁蝦仁、花椰菜炒勻，熄火前撒上義式香料粉即可盛盤。

04 焗烤茄汁蝦仁飯

食材（2 人份）

茄汁蝦仁 100g、白飯 1 碗、水煮花椰菜、乳酪絲、黑胡椒粉各適量

1 將茄汁蝦仁加入白飯拌勻，再放入烤盅裡，放上水煮花椰菜後撒上乳酪絲。

2 烤盅放入事先預熱好的烤箱，180℃烘烤至金黃上色（約 10-12 分鐘）。

3 出爐後撒上黑胡椒粉即可。

主菜常備菜。綜合海鮮

酸辣醬綜合海鮮

半調理食材

變化料理

01
泰式酸辣
涼拌海鮮

02
泰式酸辣
海鮮湯

03
酸辣海鮮
粉絲沙拉

3 天
冷藏保存

3 週
冷凍保存

食材

蝦仁、花枝、中卷…300g
酸辣醬…300g（作法請見 p190）

1

2

3

4

作法

1 一鍋水煮滾，放入蔥段、薑片，海鮮下鍋汆燙至熟。

2 撈起後放入冰水中冰鎮降溫。

3 酸辣醬取出調勻。

4 海鮮加入酸辣醬拌勻，即可分裝冷藏或冷凍保存。

綜合海鮮

01 泰式酸辣涼拌海鮮

食材（1 人份）

酸辣醬綜合海鮮…150g
小黃瓜…1 根
小番茄…10 顆
洋蔥…1/4 顆
香菜…1 株
檸檬汁…1 大匙

作法

1 將小黃瓜切滾刀狀；小番茄切半；香菜略切；洋蔥去皮、切絲，全部放入沙拉碗中。

2 碗中再加入酸辣醬綜合海鮮及檸檬汁拌勻即可。

泰式酸辣海鮮湯

食材（2 人份）

酸辣醬綜合海鮮 100g、蛤蜊 6 顆、小番茄 8 顆、香茅 1 根、南薑 3 片、檸檬葉數片、魚露 1 大匙、檸檬汁 1/2 顆、蝦高湯或高湯 400c.c.

1 將香茅拍裂及檸檬葉略撕碎，幫助釋出香氣；小番茄切半；蛤蜊吐沙備用。

2 鍋中倒入蝦高湯、香茅、南薑、檸檬葉、小番茄一起煮。

3 放入蛤蜊煮至開口，加入酸辣醬海鮮及魚露再次煮滾，擠上檸檬汁調味即可。

綜合海鮮

03 酸辣海鮮粉絲沙拉

食材（1 人份）

酸辣醬海鮮 …100g
冬粉…1 小把（約 50g）
洋蔥絲… 30g
香菜…適量
花生米…1 大匙
檸檬汁…1 小匙

作法

1 將冬粉泡軟，放入滾水中汆燙後起鍋，用冰水冰鎮後瀝乾。

2 取一個沙拉碗，放入冬粉、洋蔥絲及切碎的香菜，加入酸辣醬海鮮及檸檬汁拌勻，食用前撒上花生米即可。

AMY 老師
小叮嚀

這道泰式涼拌冬粉也可以使用寬的冬粉，吃起來更有口感。也可以隨個人喜好加入約 1 小匙魚露，增加鹹香；喜歡酸一點的，檸檬汁則可以多加一些。

CHAPTER 03

週末超前準備 常備菜配菜

蔬菜、小菜、湯品……等等，
如果可以都先做起來，冷藏保存著，
就不用擔心臨時有客人來訪，
或是餐桌上菜不夠的問題囉。

配菜常備菜。蔬食

醃漬雪裡紅

半調理食材

變化料理

01
雪菜煨麵

02
雪裡紅炒豆干

03
雪菜炒年糕

7-10天
冷藏保存

食材

小芥菜…500g
（亦可使用小松菜、油菜、蘿蔔葉或青江菜）
粗鹽或海鹽… 2 大匙

作法

1 將小芥菜清洗乾淨，放於盤上攤平稍微晾乾，或是用紙巾擦乾。

2 小芥菜放在大盤子上，均勻地灑上粗鹽，用手輕輕搓揉，讓鹽均勻沾附在葉片上，粗梗部分可以多搓揉，鹽醃後靜置約 60 分鐘。

3 過程中菜葉會開始出水，可適時稍微翻動一下，使鹽漬更均勻（此步驟亦可放入保鮮袋中稍微搓揉，但不可太用力，以保持葉片完整）。

4 雪裡紅鹽漬出水，將水分擰乾，放入保鮮袋分裝冷藏保存。

1

2

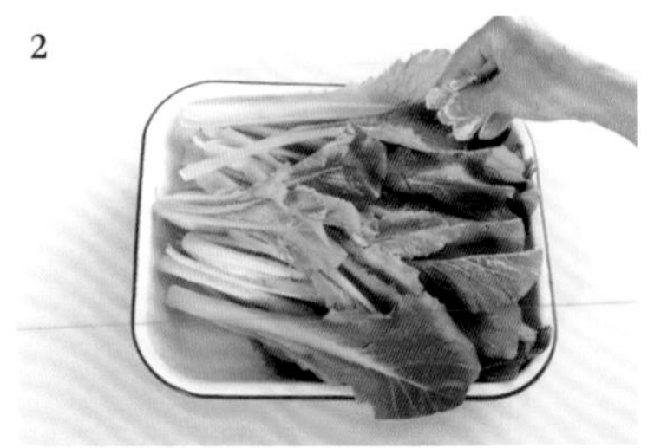

3

4

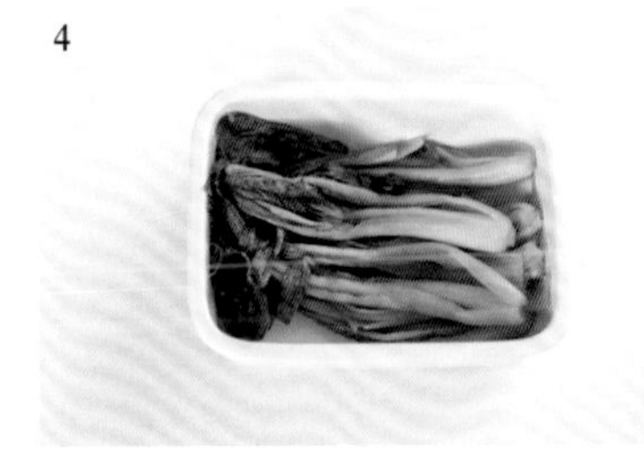

蔬食

01 雪菜煨麵

食材（1 人份）

醃漬雪裡紅…80g
絞肉…50g
蒜末…2 小匙
薑末…1 小匙
辣椒末…適量
好勁道麵條…1 人份
高湯或水… 200c.c.
醬油…1 小匙
鹽…適量
白胡椒粉…少許

作法

1 將雪裡紅切碎備用；煮一鍋滾水，放入麵條煮至七、八分熟，撈起。

2 取平底鍋熱油鍋，放入蒜末、薑末、辣椒末以中大火爆香，再放入絞肉拌炒至上色。

3 加入雪裡紅、調味料拌炒均勻，再加入麵條及高湯煨煮入味，待湯汁稍微濃稠即可起鍋。

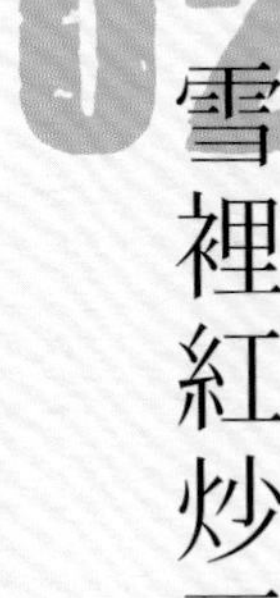

02 雪裡紅炒豆干

食材（4 人份）

雪裡紅 200g、絞肉 80g、豆干 80g、蒜末 1 大匙、辣椒末少許、芝麻香油 1 大匙、鹽適量、糖 1 小匙、白胡椒粉少許

1 將雪裡紅稍微沖水，去除多餘鹽分，擰乾水分後切碎；豆干切細丁。

2 熱鍋後，倒入 1 大匙芝麻香油燒熱，蒜末下鍋爆香，絞肉下鍋炒至上色後加入豆干丁拌炒均勻。

3 再加入雪裡紅及鹽、糖、白胡椒粉等調味料拌炒入味，熄火前加入辣椒末拌勻即可盛盤。

蔬食

03 雪菜炒年糕

食材（2 人份）

醃漬雪裡紅… 150g
豬肉絲… 80g
寧波年糕（片狀）…250g
蒜末…1 小匙
高湯或水…50c.c.
醬油、芝麻香油…各 1 小匙
鹽…適量
花雕酒或米酒…1 大匙
白胡椒粉…少許

作法

1 雪裡紅洗淨、擰乾水分後切細碎，放入乾鍋中炒至水分收乾後起鍋、備用。

2 年糕片用溫熱水浸泡約 5 分鐘，瀝乾，備用。

3 熱油鍋，放入蒜末及豬肉絲以中小火炒香，加入雪裡紅、年糕片、調味料拌勻，再加入高湯煮至湯汁入味即可。

AMY 老師
小叮嚀

年糕片要煮之前，先放到熱水中浸泡 3-5 分鐘左右，撈出來瀝乾再煮，可以防止煮過的年糕不會黏糊糊的，如果用於炒，也比較不容易粘鍋喔。

淺漬高麗菜

半調理食材

變化料理

01 酸甜開胃泡菜

02 高麗菜煎餅

03 胡麻醬拌高麗菜

7-10 天
冷藏保存

食材

高麗菜…500g
海鹽…1 大匙
糖…1 小匙

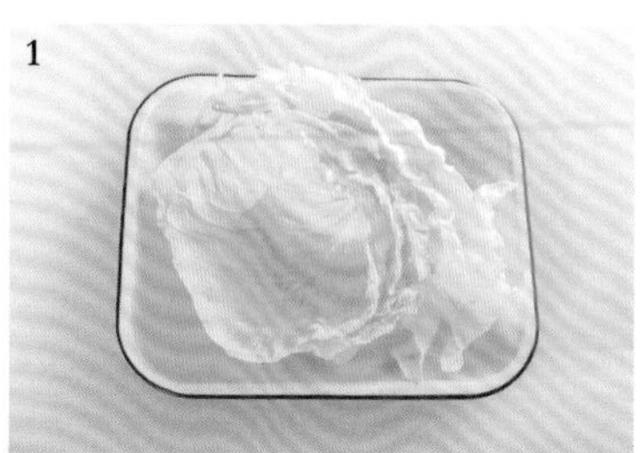

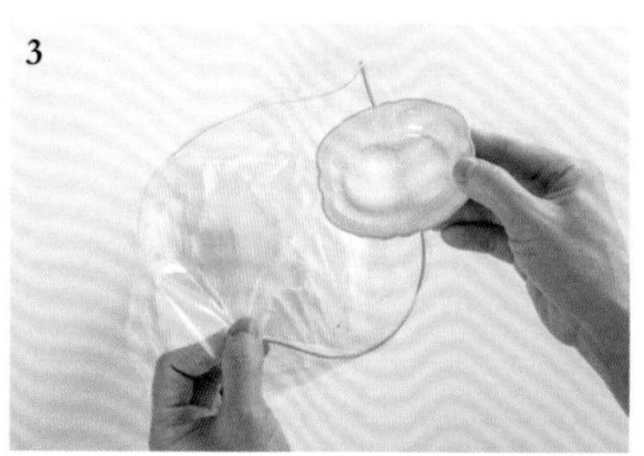

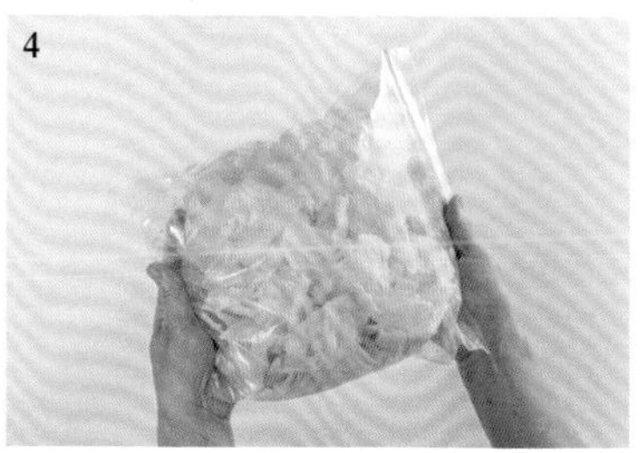

作法

1 將高麗菜剝下葉片，清洗乾淨，放至網架上攤平晾乾去除水分。

2 用手剝成小片狀（適口大小）。

3 再放入保鮮袋中、均勻灑上海鹽、糖。

4 利用袋子搖晃方式使其充分混合均勻，放入冷藏 1 小時以上即可分裝冷藏。

蔬食

01 酸甜開胃泡菜

食材（2 人份）

淺漬高麗菜…200g
胡蘿蔔…30g
小黃瓜…1 根
辣椒…1 根
蒜頭…2 瓣
糖…1 大匙
米醋… 2 大匙

作法

1 胡蘿蔔去皮切片；小黃瓜切片；辣椒切圈；蒜頭切片，均備用。

2 取一個調理碗，放入淺漬高麗菜及其他所有食材，再加入糖及米醋拌勻，放入冰箱冷藏 15 分鐘即可食用。

02 高麗菜煎餅

食材（2 人份）

淺漬高麗菜 100g、胡蘿蔔絲 20g、蔥花 2 大匙、中筋麵粉 100g、蛋 1 顆、水 100-120 c.c. 、胡椒粉少許

1 蛋液打散，加入水、麵粉、胡椒粉、高麗菜、胡蘿蔔絲等一起拌勻成麵糊，備用。

2 起油鍋，倒入麵糊煎至熟且兩面金黃即可。

03 胡麻醬拌高麗菜

食材（1 人份）

淺漬高麗菜…100g
白芝麻粒（熟）…少許
胡麻醬…2 大匙（作法請見 p192）

作法

1 淺漬高麗菜放入滾水中稍微汆燙約 10 秒，撈起、瀝乾後盛盤。

2 淋上調製好的胡麻醬拌勻，再灑上白芝麻粒即可。

AMY 老師小叮嚀

胡麻醬可以隨個人喜好多加一點，也可以再加上燙過的小黃瓜或是胡蘿蔔絲、甜椒絲等蔬菜，口感和視覺都會更豐富。

高麗菜捲

半調理食材

變化料理

01
關東煮

02
焗烤
高麗菜捲

03
茄汁
高麗菜捲

冷藏保存

冷凍保存

食材（份量 10 個）

高麗菜葉…10 片
豬絞肉…500g
蔥末…3 根
雞蛋…1 顆
紅蘿蔔末…80g
薑末…15g
鹽…1/2 大匙
瓠瓜乾（或水蓮）…10 條

作法

1 將高麗菜粗梗處削平，放入滾水中稍微汆燙軟化，取出放涼備用。

2 取一個大調理碗，放入絞肉、菜梗碎、紅蘿蔔末、薑末及蔥末、雞蛋 1 顆，使用筷子以順時針方向攪拌，過程中加入鹽，攪拌至絞肉產生黏性。

3 抓取適量調好的絞肉放進高麗菜葉裡，把底部白色高麗菜粗梗部分往內摺。

4 再將兩旁往中間摺，再從底部往上捲起，封口處可用瓠瓜乾是水蓮綁緊。捲好的高麗菜捲平鋪在盤子或蒸籠上，中火蒸約 12-15 分鐘即可，放涼再分裝冷藏或冷凍保存。

1

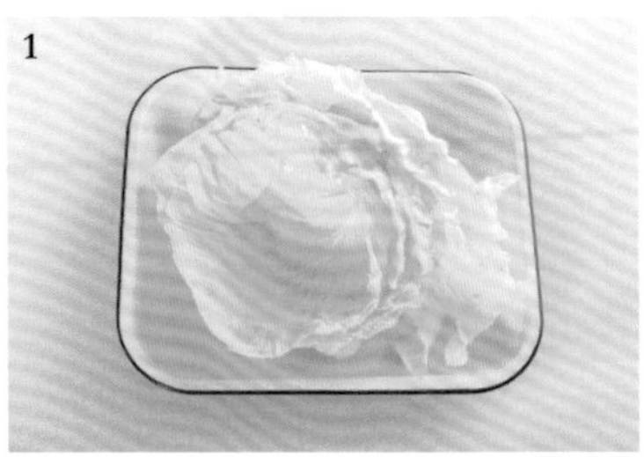

2

3

4

AMY 老師 小叮嚀

削平高麗菜粗梗時，為了不浪費，我也把切下的菜梗切碎，放入絞肉裡，也能增加高麗菜捲的鮮甜度。

01 關東煮

食材（3 人份）

高麗菜捲…3 個
蘿蔔…1/2 根
水煮蛋… 2 顆
竹輪（黑輪）…3 根
油豆腐… 3 塊
蒟蒻塊… 3 塊
魚丸子…適量
關東煮沾醬…2-3 大匙
（作法請見 p191）

調味料
醬油…2 大匙
味醂…2 大匙
砂糖…1 大匙
清酒…2 大匙

日式高湯
水…1500c.c.
昆布…20g
柴魚片…20g

作法

1 製作日式高湯，將昆布用剪刀從邊緣略剪幾刀，可幫助昆布釋出鮮味，昆布放入鍋裡加入水，小火煮至快沸騰即可熄火，再放入柴魚片，待柴魚片沉澱之後，濾出湯汁即為日式高湯。

2 取一個淺湯鍋，放入高麗菜捲以及除了沾醬外的所有材料和調味料，以及日式高湯，開中小火煮滾，煮至蘿蔔入味即可搭配沾醬享用。

AMY 老師
小叮嚀

做高湯前可先將昆布浸泡在冷水中，泡愈久風味愈佳；如果時間有限，亦可使用市售關東煮的濃縮高湯來製作湯底。關東煮的材料也可以視個人喜歡加以變化唷。

02 焗烤高麗菜捲

食材（2 人份）

高麗菜捲… 2 個
番茄醬汁…3 大匙（作法請見 p188）
乳酪絲…適量

作法

1 取一個烤盅，放入高麗菜捲，淋上番茄醬汁，再撒上乳酪絲。
2 放入烤箱烤至乳酪金黃上色即可享用。

03 茄汁高麗菜捲

食材（2 人份）

高麗菜捲 3 個、番茄醬汁 4 大匙（作法請見 p188）、日式高湯 200c.c.

1 將高麗菜捲放入淺湯鍋，加入番茄醬汁及日式高湯後開中小火煮滾。
2 蓋上鍋蓋，小火煮約 5-8 分鐘，即可盛盤享用。

鹽漬萵筍

半調理食材

變化料理

01
蒜炒萵筍

02
涼拌萵筍

03
萵筍炒蝦仁

7-10天

冷藏保存

食材

萵筍…5 根
（削皮後，菜心淨重約 450g-500g）
海鹽…2 大匙

作法

1 將萵筍削去外皮。

2 萵筍要削至不見粗纖維才會鮮嫩好吃。

3 將削好的萵筍均勻灑上海鹽。

4 用手稍微搓揉使其均勻沾附海鹽後，靜置約 1 小時，即可分裝冷藏保存。

1

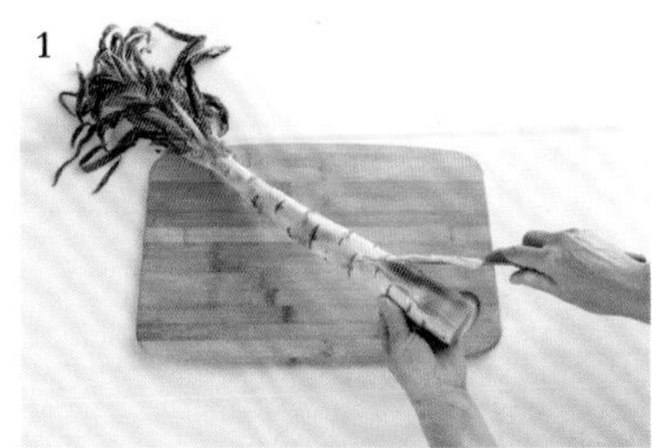

2

3

4

蔬食

01 蒜炒萵筍

食材（2 人份）

鹽漬萵筍…2 根
蒜頭…3 瓣
糖、米醋、芝麻香油…各 1 小匙

作法

1 將鹽漬萵筍切片狀；蒜頭也切片。

2 熱油鍋後，放入蒜片以中小火爆香，再放入萵筍以中大火快炒，最後加入調味料拌炒入味即可起鍋。

02 涼拌萵筍

食材（2 人份）

醃漬萵筍 2 根、蒜頭 2 瓣、辣椒 1 根、糖 1/2 大匙、米醋 2 大匙、芝麻香油 1 大匙

1 醃漬萵筍用冷開水洗去多餘鹽分，切片狀；蒜頭切碎；辣椒切圈狀。

2 取一個調理碗，放入所有的材料、調味料拌勻，冷藏約 20 分鐘即可食用。

03 萵筍炒蝦仁

食材（2 人份）

鹽漬萵筍…1 根
蝦仁…12 尾
蒜末…1/2 大匙
鹽…適量
蝦仁醃料
- 鹽…1/2 小匙
- 米酒…1/2 大匙
- 白胡椒粉…1/2 小匙

作法

1 鹽漬萵筍用水稍微沖洗，去除多餘鹽分，再切成片狀。

2 蝦仁洗淨、擦乾，加入醃料抓醃 5 分鐘。

3 熱油鍋，放入蒜末以中小火爆香，再加入蝦仁、萵筍轉中大火快炒，起鍋前可試一下鹹度再加入少許的鹽做調味。

AMY 老師 小叮嚀

萵筍口感鮮脆爽口，鹽漬過後更清脆，除了炒蝦仁，也可以炒肉絲或是絞肉，一樣很好吃唷。

油漬小番茄

半調理食材

變化料理

01 義式蒜香義大利麵

02 番茄蝦仁烘蛋

03 番茄起司潛艇堡

1-2 個月

冷藏保存

食材

小番茄…600g
蒜粒…10 瓣
月桂葉…3 片
海鹽…1 大匙
義式香料粉…2 小匙
橄欖油…適量
玻璃空罐…1 瓶（容量約 450ml）

1

2

作法

1 烤盤先舖上烘焙紙，將小番茄洗淨切半，平鋪放在烘焙紙上，灑上海鹽、義式香料粉，再淋上橄欖油。

2 烤箱先預熱 150℃，將小番茄放進烤箱烘烤約 50-60 分鐘，至小番茄呈現風乾狀態即可取出放涼。

3 取殺菌過的空瓶，將風乾的番茄、月桂葉、蒜粒依序放入瓶中，最後注入適量的橄欖油，蓋過番茄即可。

AMY 老師 小叮嚀

玻璃空瓶需要先殺菌，小番茄的保存時間才能延長唷，只要把玻璃瓶放入滾水中稍微燙過、取出，晾乾就可以了。

蔬食

skewer. Allow
To make the cara
over low heat. Gradually
Add the corn syrup, conden
high. Cook for 15 minutes
kened. Remove caramel from the
and pour over the brownie. Sprinkle with the toffee
and place in the refrigerator for 2 hours or until set
erve. Serves 12.
is available from selected supermarkets and specialty

01 義式蒜香義大利麵

食材（1 人份）

油漬小番茄…50g
義大利麵…1 人份
鹽…1 大匙
蒜頭…2 瓣
辣椒乾…1 根
羅勒或九層塔…適量
橄欖油… 1 大匙

作法

1 將蒜頭切片；辣椒乾切碎；羅勒（或使用九層塔）略切。

2 煮一鍋滾水，加入 1 大匙鹽，放入義大利麵煮至 8 分熟（視包裝上建議烹煮的時間）。

3 平底鍋中倒入橄欖油、蒜片，開小火煸至蒜香味釋出，再加入辣椒碎、油漬番茄、義大利麵拌炒均勻，中途可加入少許的煮麵水調整醬汁，最後加入羅勒拌勻即可。

02 番茄蝦仁烘蛋

食材（2 人份）

油漬小番茄 3 大匙、蝦仁 10 尾、雞蛋 3 顆、鹽 1 小匙

1 蝦仁先下鍋炒至 7 分熟，起鍋備用。

2 雞蛋打散後加入油漬番茄、蝦仁、鹽拌勻。

3 熱油鍋，放入步驟 2 的材料，以中小火烘至蛋兩面金黃即可。

蔬食

03 番茄起司潛艇堡

食材 （2 人份）

油漬小番茄… 2 大匙
軟法麵包…1 條
起司片… 2 片
火腿…3 片
生菜…2 片
蜂蜜芥末醬…1 大匙
美乃滋…適量

作法

1 將軟法麵包從側面中間剖半，放進烤箱以170℃，烤約 5-8 分鐘；火腿片以平底鍋煎熟備用。

2 烤好的麵包內部塗抹上美乃滋，依序舖上生菜、油漬小蕃茄、火腿片、起司片，擠上蜂蜜芥末醬，再切成要食用的大小即可享用。

AMY 老師 小叮嚀

油漬小番茄口感比較偏鹹，搭配軟法麵包滋味剛剛好，而且冰箱中的油漬小番茄隨時都可以取用，搭配的食材也可以隨個人喜好調整唷。

配菜常備菜。高湯

柴魚昆布高湯

半調理食材

變化料理

01 豚肉味噌湯
02 日式茶碗蒸
03 日式燉煮蘿蔔
04 馬鈴薯燉肉
05 玉子燒
06 海鮮烏龍麵

4-5 天
冷藏保存

1-2 週
冷凍保存

食材

昆布 1 段⋯ 25cm
柴魚片⋯ 15g
水⋯1200c.c.

作法

1 昆布上灰塵用廚房紙巾擦拭乾淨。

2 將昆布剪成約 5cm 大小，放入水中浸泡至少 2 小時，亦可放入冰箱冷藏過夜隔天使用。

3 把浸泡過昆布的整鍋水用小火煮滾，滾約 3 分鐘就熄火，把昆布夾出（取出的昆布可拿來佃煮爲小菜）。

4 高湯中加入柴魚片，一樣都是用小火煮滾 1 分鐘立刻關火，等 30 秒左右讓柴魚慢慢沉澱，再用濾網過濾出柴魚昆布高湯。

1

2

3

4

昆布上的灰塵要用擦的，不可用洗的，因為昆布上白白的附著物是鮮味來源唷，千萬不要把它給洗掉了！煮滾高湯的時候記得用最小的火，才不會有苦味唷。

豚肉味噌湯

食材（2 人份）

柴魚昆布高湯…500c.c.	蒟蒻…1 小塊
豬肉火鍋片…80g	牛蒡…20cm
白蘿蔔…1/4 根	蔥花…1 大匙
胡蘿蔔…適量	味噌…1.5 大匙

作法

1 白蘿蔔、胡蘿蔔均去皮、切片；蒟蒻切片，用熱水汆燙以去除鹼味；牛蒡去皮、切片；味噌以半碗冷水調散。

2 湯鍋裡放入白蘿蔔、胡蘿蔔及牛蒡、蒟蒻，倒入柴魚昆布高湯開中火煮滾。

3 湯燉至蔬菜軟爛，再放入豬肉火鍋片煮熟，熄火後用濾網將味噌拌入湯中，最後灑上蔥花即可享用。

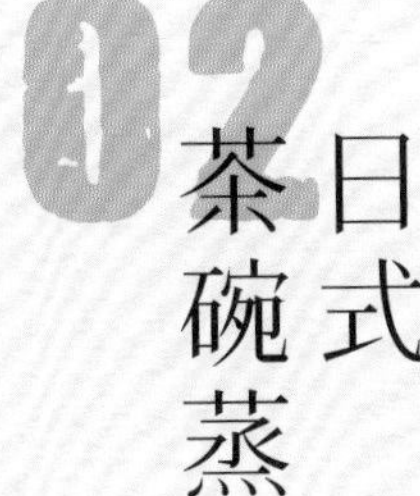

日式茶碗蒸

食材（2 人份）

雞蛋 3 顆、柴魚昆布高湯 250c.c.、醬油 1 小匙、味醂 1 小匙、香菇 3 朵、豌豆適量、胡蘿蔔片適量

1 雞蛋打散，加入柴魚昆布高湯、醬油、味醂拌勻，再用濾網過濾 2-3 次。

2 碗中放入香菇、胡蘿蔔片、蛋汁，放入蒸鍋裡以中火蒸約 12 分鐘。

3 快蒸好時再放入豌豆蒸約 1-2 分鐘，蒸的時候要儘量避免上蓋水蒸氣滴落，蒸鍋的鍋蓋邊可放一根筷子幫助熱氣對流，就能蒸出軟嫩的口感。

03 日式燉煮蘿蔔

食材（4 人份）

白蘿蔔…1 根
柴魚昆布高湯…250c.c.
日式醬油…2 大匙
味醂…1 大匙
蔥花…少許

作法

1 白蘿蔔削去外皮、切大塊狀，放入滾水汆燙去除澀味。

2 將白蘿蔔放入鍋中，加入柴魚昆布高湯、醬油及味醂，以中小火煮滾。

3 煮滾後，蓋上鍋蓋，小火慢燉 20 分鐘，煮至蘿蔔入味即可熄火，盛盤後灑上蔥花即可。

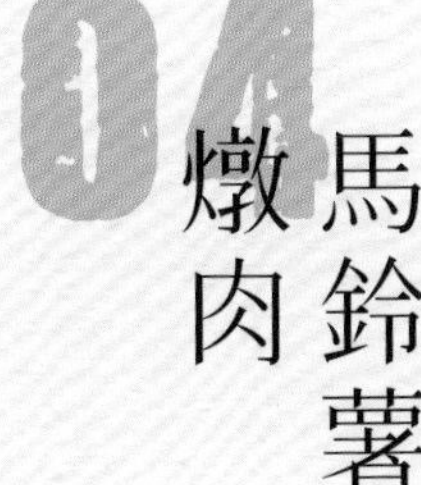

04 馬鈴薯燉肉

食材（4 人份）

豬肉片 200g、馬鈴薯 2 顆、胡蘿蔔 1 根、洋蔥 1/2 顆、蒟蒻適量、豌豆適量、柴魚昆布高湯 150c.c. 、日式醬油 3 大匙、味醂 2 大匙、清酒（或米酒）1 大匙

1 將馬鈴薯及胡蘿蔔去皮切成塊狀；洋蔥切條狀；蒟蒻剝成小塊或切成條狀，以滾水汆燙 3 分鐘去除鹼味。

2 熱油鍋，放入洋蔥炒香，且呈透明狀，加入肉片稍作拌炒。

3 加入馬鈴薯、紅蘿蔔、蒟蒻炒勻，延鍋邊淋入清酒嗆出酒香，倒入味醂、日式醬油及柴魚昆布高湯煮滾，蓋上鍋蓋以小火燉煮約 15-20 分鐘，完成前 2 分鐘開蓋放入豌豆煮熟即可。

05 玉子燒

食材（2 人份）

雞蛋…3 顆
味醂…1 大匙
鹽…1 小匙
柴魚昆布高湯…20c.c.

作法

1 雞蛋打散，加入味醂、鹽、柴魚昆布高湯拌勻備用。

2 預熱鍋子，薄薄地抹上一層沙拉油，倒入蛋汁時如果發出滋滋聲，就可以倒入一半的蛋汁，煎到半熟後，從鍋子上緣將蛋皮往內折 1~2 公分，把蛋捲起來。

3 讓折好的蛋皮滑至鍋子上緣，鍋子上再薄薄地抹上一層沙拉油，倒入剩下的蛋汁，用長筷子抬起已經煎好的蛋皮，讓蛋汁流入下方，等蛋汁逐漸凝固後再次捲起，即完成玉子燒。

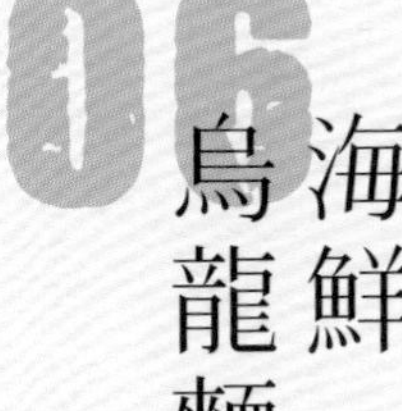

海鮮烏龍麵

食材（1 人份）

鮮蝦 3 尾、中卷 1 尾、蛤蜊 6 顆、柴魚昆布高湯 500c.c. 、青菜適量、蔥花適量、鹽少許、烏龍麵 1 人份

1 鮮蝦去腸泥；中卷去除內臟後、切圈；蛤蜊先吐沙。

2 熱油鍋，放入鮮蝦及中卷以中小火炒至半熟，先起鍋備用。

3 沿用原鍋倒入柴魚昆布高湯煮滾，放入烏龍麵、蛤蜊、海鮮配料、青菜一起煮，煮至蛤蜊開口，加入少許的鹽做調味，灑上蔥花即可。

雞高湯

半調理食材

變化料理

01	02	03	04
嫩雞 五目炊飯	雲吞 湯麵	玉米 濃湯	蛤蜊雞 湯麵

4-5 天
冷藏保存

1-2 個月
冷凍保存

食材

雞骨架…2 付
雞翅、雞爪…各 4 支
洋蔥…1 顆
胡蘿蔔、西洋芹…各 1 根
青蔥…2 根
月桂葉…2 片
薑…3 片
蒜頭…3 瓣
米酒…1 大匙
水…2500c.c.

作法

1 雞骨架、雞翅及雞爪放入滾水中先汆燙，撈起後以清水洗淨。

2 薑切片；洋蔥切半、西洋芹切半根、胡蘿蔔切大塊。

3 將所有食材放入鍋裡，注入水以中火煮滾，用湯勺撈除表面浮末。

4 蓋上鍋蓋後轉小火燉煮約 45 分鐘，加入米酒，再用濾網過濾出雞高湯即完成。

1

2

3
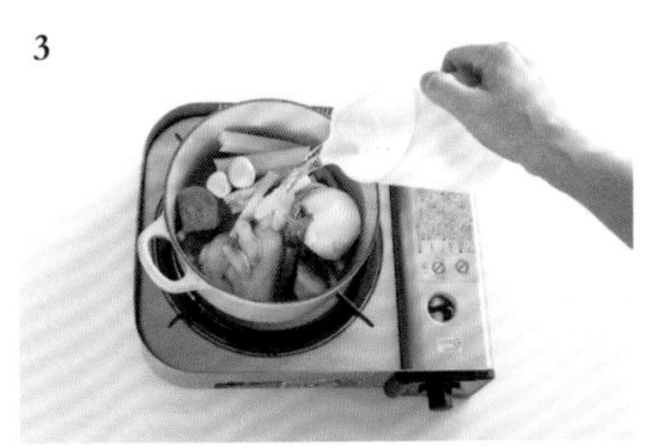

4

嫩雞五目炊飯

食材（4 人份）

白米⋯2 米杯
雞高湯⋯240c.c.
雞胸肉⋯100g
（雞胸肉或去骨雞腿肉）
牛蒡⋯ 1/4 根
紅蘿蔔⋯ 1/4 根
乾香菇⋯3 大朵
油豆腐⋯2 塊
甜豌豆⋯5 根
調味料
醬油⋯2 大匙
味醂⋯2 大匙

作法

1 把 2 杯白米洗淨，加入清水蓋過米，浸泡 20 分鐘後瀝乾備用；乾香菇用冷水泡軟；甜碗豆汆燙備用。

2 雞胸肉以逆紋方式切成片狀；牛蒡用刀背稍微刮除外皮，將牛蒡、香菇、紅蘿蔔、油豆腐皆切成細絲。

3 將泡過的米與甜豌豆之外的全部食材、雞高湯及調味料混勻，放入電子鍋內鍋，按下炊飯模式或什錦飯模式，煮好後燜 15 分鐘，再放入切段的甜豌豆稍微拌一下即可。

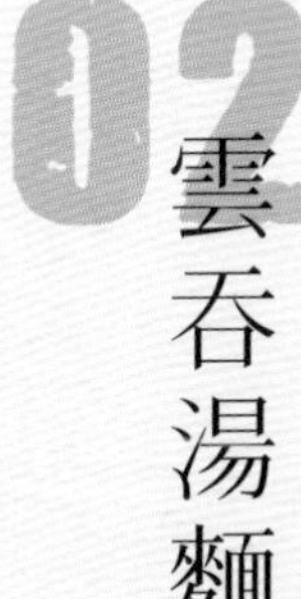

雲吞湯麵

食材（1 人份）

餛飩 10 顆、雞高湯 350-450c.c. 、好勁道家常麵條或雞蛋麵 1 人份、小白菜 2 株、蔥花 1 大匙、鹽／白胡椒粉／油蔥酥各適量

1 雞高湯煮滾，加入鹽調味、備用；小白菜洗淨、切段。

2 另外煮一鍋滾水，放入餛飩煮至浮起至熟，也放入麵條煮至喜歡的軟硬度；小白菜下鍋汆燙熟、撈起。

3 湯碗放入煮好的麵條、餛飩、小白菜，淋上雞高湯，灑上蔥花、油蔥酥、白胡椒粉即可。

NOBLE

03 玉米濃湯

食材（2 人份）

玉米粒／玉米醬各 1 罐、洋蔥 80g、火腿片 1 片、雞蛋 2 顆、雞高湯 300c.c.、鮮奶 200c.c.、無鹽奶油 20g、蔥花適量、鹽／黑胡椒粉各適量

1 洋蔥、火腿片均切丁；雞蛋打散爲蛋汁。

2 奶油放入鍋內小火煮至融化，放入洋蔥丁炒至透明狀，再加入火腿片丁拌香。

3 倒入玉米粒、玉米醬拌勻，再放入雞高湯、鮮奶以中火煮滾，最後倒入蛋汁，靜置約 20-30 秒，再用湯勺將其攪散。

4 加入調味料、灑上蔥花即可，如果喜歡更濃稠一點的口感，可以加入少許太白粉水勾芡。

04 蛤蜊雞湯麵

食材（1 人份）

雞高湯 450c.c.、麵條 1 人份、蛤蜊 15 顆、青江菜 2 株、蔥 1 根、鹽／白椒粉各適量

1 蛤蜊先吐沙；蔥切成蔥花；煮一鍋滾水，放入麵條煮至七、八分熟後撈起。

2 另起湯鍋，倒入雞高湯煮滾，放入蛤蜊、麵條、青江菜一起煮至蛤蜊開口後，先試試看鹹度，再加入少許鹽調味，最後灑上蔥花、白胡椒粉即可。

五色蔬菜湯

半調理食材

變化料理

01
義式風味
蔬菜湯

02
菇菇什錦
蛋花湯

03
泰式酸辣
湯麵

4-5 天
冷藏保存

1-2 個月
冷凍保存

食材

白蘿蔔…1 根（約 400g）
白蘿蔔葉…200g
紅蘿蔔…1 根（約 200g）
牛蒡…1/4 根
乾香菇…5 朵
水…2500c.c.

作法

1 蔬菜均洗淨，不需去皮；白蘿蔔、紅蘿蔔切大塊；牛蒡切滾刀狀；乾香菇用水泡軟（留下香菇水）；白蘿蔔葉略切。

2 準備一個不鏽鋼鍋，放入切好的蔬菜及香菇、香菇水。

3 注入水，開中大火煮滾後蓋上鍋蓋，轉小火煮約 30 分鐘至蔬菜軟爛。

4 煮好後過濾出湯汁即爲高湯。

1

2

3

4

AMY 老師小叮嚀

五種蔬菜分別是青為蘿蔔葉，紅為胡蘿蔔，黃為牛蒡，白為白蘿蔔，黑為香菇，分別代表木、火、土、金、水五行，能補充不同的營養素和能量；煮過的蔬菜渣我通常也不會浪費，可以拿來煮濃湯或味噌湯、咖哩、湯麵時，加入一起食用。

Herbs & Spices

01 義式風味蔬菜湯

食材（2 人份）

五色蔬菜湯…500c.c.
洋蔥…1/2 顆
番茄…2 顆
西洋芹、櫛瓜…各 1 根
馬鈴薯…1 顆
義大利番茄罐頭…1 罐
義式香料粉、黑胡椒粉…各適量

作法

1 洋蔥切丁；馬鈴薯去皮後切丁；番茄、西洋芹及櫛瓜均切丁。

2 熱油鍋，放入洋蔥以中小火炒至透明狀，再加入蔬菜丁拌炒。

3 倒入罐頭番茄，用鍋鏟稍微壓碎，再倒入五色蔬菜湯以中火煮滾，再轉小火燉煮 15 分鐘，至蔬菜軟化後再加入調味料即可。

02 菇菇什錦蛋花湯

食材（2 人份）

五色蔬菜湯 500c.c.、鴻喜菇 1/2 包、雪白菇 1/2 包、舞菇 1 包、雞蛋 1 顆、青菜 1 小把、鹽適量

1 將鴻喜菇、雪白菇、舞菇剝成小束；青菜切段；雞蛋打散。

2 五色蔬菜湯放入鍋中煮滾，加入全部菇類、青菜煮軟，再倒入蛋汁，最後加入少許的鹽做調味即可。

03

泰式酸辣湯麵

食材 （1 人份）

五色蔬菜湯…400c.c.
鮮蝦…3 尾
蛤蜊…6 顆
黃金魚丸…3 顆
好勁道麵條…1 人份
番茄…1 顆
香茅…1 根
南薑、檸檬葉…各 3 片
檸檬汁…3 大匙
魚露 1…大匙
酸辣醬…2 大匙
（市售泰式酸辣湯調味醬）
椰漿…2-3 大匙

作法

1 香茅拍裂、切段；檸檬葉略裂（可幫助釋出香味）；番茄切塊；鮮蝦去腸泥；蛤蜊先吐沙；麵條放入滾水中煮熟，撈至碗中。

2 鍋中倒入五色蔬菜湯、番茄塊、南薑片，中大火煮滾，轉小火後加入酸辣醬、魚露、椰漿、檸檬汁調味，再放入蛤蜊、鮮蝦、黃金魚丸煮熟，即可加入麵中一起享用。

AMY 老師
小叮嚀

材料中的南薑、檸檬葉、香茅等，可以用新鮮的，也可以用乾燥的香草葉，販售異國美食的商店大多可以購得唷。

排骨高湯

半調理食材

變化料理

01	02	03	04	05
藥膳排骨湯	芋頭排骨鹹粥	玉米蘿蔔排骨湯	四神排骨湯	韓式馬鈴薯排骨湯

4-5 天
冷藏保存

1-2 個月
冷凍保存

食材

排骨…600g
薑片…3 片
米酒…1 大匙
水…2500c.c.

作法

1 薑洗淨、切片。

2 將排骨洗乾淨，放入湯鍋裡，注入適量的水（水量超過排骨即可），以冷鍋冷水方式，開小火慢慢煮，煮至排骨裡的血水及浮沫都釋出，快沸騰時即可熄火、撈出。

3 另取一個大湯鍋，放入乾淨的排骨、薑片，注入 2500c.c. 的水。

4 開中大火煮滾，用湯杓撈除表面的浮渣，再加入 1 大匙的米酒，蓋上鍋蓋，轉小火慢燉 50-60 分鐘，就能完成美味的排骨高湯。

1

2

3

4

AMY 老師 小叮嚀

排骨洗淨後，放入冷水中用小火煮至微滾，此步驟為「跑活水」，跑活水可以用清水洗淨排骨中的血水與雜質，去除肉類的腥味，跑過活水後再去燉高湯，高湯會更為清澈乾淨。

01 藥膳排骨湯

食材（2 人份）

排骨高湯…400c.c.
米酒…200c.c.
川芎、當歸…1 小片
黃耆…5 片
枸杞…1 大匙
紅棗…5 顆
老薑…3 片
鹽…適量

作法

1 將川芎、黃耆 、當歸 、枸杞放入鍋裡，倒入米酒浸泡 15 分鐘，使其釋出香氣。

2 再加入紅棗、薑片、排骨湯 400c.c.，以中火煮滾，蓋上鍋蓋，轉小火燉煮 15 分鐘。

3 開蓋後加入少許的鹽調味即完成，中藥材可不食用。

02 芋頭排骨鹹粥

食材（2 人份）

排骨湯 600c.c.、白飯 1 碗、芋頭丁 120g、芹菜末 20g、油蔥酥 1 大匙、鹽 1 小匙、白胡椒粉少許

1 排骨湯倒入鍋裡，加入白飯、芋頭丁，以中小火煮滾。

2 轉小火煮約 8-10 分鐘，至芋頭變軟、米心熟透。

3 最後加入調味料、油蔥酥拌勻，灑上芹菜末即可。

高湯

03 玉米蘿蔔排骨湯

食材（2 人份）

排骨高湯…600c.c.
甜玉米、白蘿蔔…各 1 根
芹菜末…少許
鹽、芝麻香油…各 1 小匙
白胡椒粉…適量

作法

1 將白蘿蔔去皮、切塊；玉米切塊。

2 鍋中放入白蘿蔔塊、玉米塊、排骨高湯一起以中火煮滾。

3 蓋上鍋蓋，轉小火煮約 20 分鐘，至蘿蔔軟爛後加入調味料，最後灑上芹菜末即可。

04 四神排骨湯

食材（4 人份）

排骨高湯 800c.c.、四神（淮山、芡實或薏仁、蓮子、茯苓）1 帖、鹽及米酒各適量

1 將四神（淮山、芡實 / 薏仁、蓮子、茯苓）用清水沖洗，與排骨高湯一起放入鍋裡，開中火煮滾。

2 蓋上鍋蓋，轉小火慢燉 10 分鐘，再加少許的鹽及米酒調味即可。

高湯

05 韓式馬鈴薯排骨湯

食材 （2 人份）

排骨高湯 …500c.c.
蔥…1 根
馬鈴薯…2 顆
麻油…1 大匙
醬汁
- 韓式辣椒粉…1/2 大匙
- 韓式辣椒醬、味噌、米酒…各 2 大匙
- 蒜泥、薑泥…各 1 小匙

作法

1 將排骨高湯裡的排骨和湯汁分開；蔥切成蔥白、蔥綠；馬鈴薯去皮、切塊；醬汁先拌勻，均備用。

2 鍋裡倒入麻油，放入蔥白、排骨以中小火煎至上色，再加入醬汁拌炒出香氣。

3 加入排骨湯汁煮滾，再放入馬鈴薯塊，蓋上鍋蓋小火燉煮約 15 分鐘，最後放入蔥綠即可。

AMY 老師
小叮嚀

韓式辣椒醬、味噌醬想要煮得均勻，料理小祕訣就是先用少許的冷水先拌開溶解，再倒入其他調味料一起拌勻，這樣用來料理煮湯時就不易結塊。

雞湯

半調理食材

變化料理

01 剝皮辣椒雞湯

02 紅棗牛蒡山藥雞湯

03 蒜香蛤蜊雞湯

04 百菇雞湯

05 元氣蔬菜雞湯

4-5 天
冷藏保存

1-2 個月
冷凍保存

食材

雞肉切塊…1000g（雞腿肉、土雞切塊皆可）
水…2500c.c.
薑片…5 片
米酒…1 大匙

1

2

3

4

作法

1 煮一鍋滾水，將切塊的雞肉清洗乾淨，放入滾水中氽燙，撈起洗淨。

2 雞肉塊、薑片放入另一鍋裡，注入 2500c.c. 水，開中大火煮滾。

3 煮滾後，先以湯勺撈除表面的浮渣。

4 加入米酒，蓋上鍋蓋，轉小火燉煮約 35 分鐘即可熄火，冷卻後再依每餐所需的份量做分裝保存即可。

高湯

01 剝皮辣椒雞湯

食材（2 人份）

雞湯…600c.c.
剝皮辣椒罐頭…1/2 罐
蛤蜊…10 顆
薑片…2 片

作法

1 雞湯和剝皮辣椒湯汁和剝皮辣椒、薑片一起放入鍋中，以中小火煮滾。

2 轉小火煮約 10 分鐘後放入蛤蜊，煮至開口後即可。

3 因爲蛤蜊及剝皮辣椒的醬汁已有鹹度，所以最後鹹味可以先嚐看看，再可依個人口味做調整。

02 紅棗牛蒡山藥雞湯

食材（2 人份）

雞湯 600c.c.、山藥 200g、牛蒡 1/4 根、紅棗 5 顆、枸杞少許、鹽少許

1 山藥去皮、切塊；牛蒡去皮、切滾刀塊。

2 雞湯和山藥、牛蒡、紅棗一起以中火煮滾，蓋上鍋蓋，轉小火煮約 15 分鐘。

3 待山藥煮軟之後，加入枸杞及鹽做調味即可。

高湯

03 蒜香蛤蜊雞湯

食材（2 人份）

雞湯…600c.c.
蒜頭…10 瓣
蛤蜊…15 顆
米酒…1 大匙
蔥花…各少許
鹽…適量

作法

1 鍋裡放入少許的食用油，放入蒜頭煸至上色。

2 倒入雞湯一起煮滾。

3 放入蛤蜊、米酒一起煮滾，煮至蛤蜊開口，加入少許鹽做調味，灑上蔥花即可。

AMY 老師小叮嚀

蒜頭煸香後再一起煮，滋味可更為濃稠醇厚，而且蒜頭含大蒜素，具有豐富的營養價值可以抗發炎，還能保護心臟，對身體很好唷。

高湯

04 百菇雞湯

食材（2 人份）

雞湯…600c.c.
鴻喜菇…1/2 包
美白菇…1/2 包
金針菇…1/2 包
鮮香菇…2 朵
蔥…1 根
枸杞…1 大匙
鹽…適量
白胡椒粉…適量

作法

1 將金針菇切小段；鴻喜菇、美白菇剝小束；鮮香菇切片；蔥切蔥花。

2 以中小火將雞湯煮滾，放入所有的菇類及枸杞 1 大匙再煮滾，最後加入鹽、白胡椒粉調味，灑上蔥花即可。

AMY 老師 小叮嚀

美白菇和鴻禧菇含有天然的甘甜，不需要用水清洗，只要去掉蒂頭就可以直接撥小塊使用。

05 元氣蔬菜雞湯

食材（2人份）

雞湯…600c.c.
洋蔥…1/2顆
番茄…1大顆
高麗菜…100g
紅蘿蔔…1/2根
西洋芹…1根
蒜頭…2瓣
薑…2片
鹽…少許

作法

1 洋蔥切丁；番茄切塊；高麗菜略切；紅蘿蔔切片；西洋芹切小塊；蒜頭切片。

2 湯鍋倒入少許油熱鍋，放入蒜片、薑片及洋蔥用中小火炒香，再放入紅蘿蔔片炒軟。

3 放入其餘蔬菜、雞湯以中火煮滾，等蔬菜軟爛後再加入少許鹽調味即可熄火。

AMY老師小叮嚀

元氣蔬菜雞湯裡的蔬菜可以替換成當季時蔬，含有豐富的纖維質和自然的甜味，相當美味健康。

CHAPTER 04

常備小菜和萬用醬料

我平常喜歡做幾道小菜和醬料放冰箱冷藏，
小菜可以當成便當菜隨時使用。
萬用醬料可醃漬各種魚、肉、海鮮，
讓料理更可口、入味。

小菜常備菜

01 辣炒小魚乾

7-10 天
冷藏保存

1-2 個月
冷凍保存

食材

小魚乾…200g
辣椒末…200g
蒜末…150g
豆豉…80g
冰糖…45g
米酒…30c.c.
醬油…45c.c.
食用油…150c.c.

作法

1 小魚乾沖洗後瀝乾；豆豉先用米酒浸泡，均備用。

2 鍋子開中火熱油鍋，放入小魚乾下鍋炒至香酥，起鍋備用。

3 沿用原鍋轉中大火，放入蒜末、辣椒炒香且辣油釋出，再加入小魚乾下鍋拌炒均勻。

4 加入醬油炒香，最後再加入豆豉連同米酒、冰糖拌炒入味，即可裝入瓶中。

AMY 老師 小叮嚀

豆豉使用乾的或是濕的都可以，泡米酒後會更香，如果是使用乾豆豉但手邊又臨時沒有米酒，泡水也是可以的，只是炒完要注意鹹度，因為每個人使用的豆豉鹹度都有稍微差異，可以先嚐看看再調味道。

小菜

02 糖心蛋

5-7 天
冷藏保存

食材

雞蛋…6 顆
鹽…1 小匙
醬汁
- 醬油…100c.c.
- 味醂…100c.c.
- 米酒…80c.c.
- 水…200c.c.

作法

1 先將所有的醬汁材料混勻後煮滾，放涼備用。

2 準備另一鍋冰塊水備用，同時另外煮一鍋滾水，放入 1 小匙鹽，把雞蛋放入滾水中，開始計時煮 6 分鐘，時間到馬上撈起雞蛋，放入冰塊水中降溫。

3 在冷水中敲碎蛋殼，將雞蛋去殼之後，放入已放涼的醬汁裡冷藏浸泡一天後即可享用。

AMY 老師
小叮嚀

做糖心蛋的成功的祕訣在於冰塊水，煮好的蛋撈起後要放入冰塊水中，才不會因為熱度繼續燜熟；煮蛋的時間也要掌握和微調，我在這裡使用的是一般的常溫白色蛋殼雞蛋，如果是冷藏蛋記得要取出冰箱後等到室溫再煮，如果用冷藏蛋直接煮就需要延長煮的時間約 30 秒唷。如果你平常愛用的是土雞蛋，有可能蛋殼更厚一點點，可以按照每一次的經驗，自行稍微調整煮的時間。

小菜

03 昆布佃煮

7-10 天
冷藏保存

食材

昆布…50g
白芝麻粒（熟）…1 大匙
煮汁
柴魚昆布高湯…200c.c.（作法請見 p120）
醬油…50c.c.
米酒…100c.c.
味醂…100c.c.
米醋…1 大匙

作法

1 昆布用乾淨的廚房紙巾擦去表面的雜質灰塵，再剪成 1 公分大小方形。

2 將昆布、煮汁放入鍋中先煮滾，轉小火煮約 35-40 分鐘，煮至湯汁快收乾時即可熄火，過程中可稍微翻動一下以免燒焦。

3 放涼後即可裝瓶，要食用時灑上白芝麻粒即可享用。

AMY 老師 小叮嚀

煮好的小菜要裝入保鮮盒或是玻璃瓶都可以，只是如果想要延長小菜的保存期限，最好是把瓶子或盒子稍微用熱水汆燙過，倒扣瀝乾再裝入，這樣就有殺菌的功用，自然就能多放個幾天。

04 辣炒豆豉蘿蔔乾

7-10天
冷藏保存

食材

蘿蔔乾…300g
辣椒末…100g
豆豉（濕）…80g
芝麻香油…100c.c.
糖…1 大匙
鹽…少許

作法

1 蘿蔔乾洗淨，可以嚐看看鹹度，太鹹的話則多沖洗幾次、取出，切細丁備用。

2 鍋中倒入芝麻香油，開中小火燒熱，再倒入蘿蔔乾丁先炒 5 分鐘使其香氣釋出，再加入辣椒拌炒 5 分鐘。

3 加入鹽和糖炒勻，再放入濕豆豉一起翻炒到均勻即可熄火，裝瓶。

AMY 老師
小叮嚀

這道辣炒豆豉蘿蔔乾應該是大家常常在便當店見到的小菜，自己做的更加爽口美味唷，而且也不會太鹹，記得蘿蔔乾拌炒前用水沖洗可去除鹹度，但不要浸泡太久，以免流失香氣。嗜辣或是不愛辣的人，可以視個人口味調整辣椒份量。

小菜

7-10 天
冷藏保存

05 椒鹽菇菇

食材

杏鮑菇…3 根
鴻喜菇…1 盒
蒜末…2 大匙
辣椒末 1 根
蔥…1 根
芝麻香油、胡椒鹽…各 1 大匙

作法

1 杏鮑菇洗淨，用手撕成絲；鴻喜菇剝成小束；蔥切蔥白及蔥綠。

2 以中小火熱鍋後，放入菇菇乾炒至焦香且出水，起鍋備用。

3 沿用原鍋開中大火，加入 1 大匙芝麻香油，放入蒜末、辣椒及蔥白下鍋爆香，再放入菇類下鍋拌炒均勻。

4 加入胡椒鹽、蔥綠拌炒入味即可。

AMY 老師
小叮嚀

菇類也可以替換成其他菇類，像是美白菇、香菇等，記得，只要是袋裝的鴻喜菇和美白菇等，都是溫室栽培，不需要用水清洗唷，打開後只要剝成小塊就可以使用了。但如果是香菇或是杏鮑菇則需要先用水洗去灰塵再使用。

小菜

06 柴魚香鬆

7-10 天
冷藏保存

食材

柴魚片、醬油…各 30g
味醂…60g
水…100g
白芝麻粒…適量
芝麻香油…1 小匙

作法

1 將醬油及味醂、水倒入小鍋子裡煮滾，放入柴魚片後轉小火拌煮，煮的過程中要用筷子不停攪拌，煮至湯汁收乾。

2 一直拌炒到焦糖香出現，此時柴魚片的顏色會因湯汁收乾而逐漸變深，可使用剪刀在鍋子裡將柴魚片剪成小塊狀，這樣會更有口感，最後加入芝麻香油拌炒均勻。

3 可以先試吃一小口，是否是喜歡的口感，熄火後再加入白芝麻即完成。

AMY 老師 小叮嚀

柴魚香鬆常備在冰箱中非常好用，可以取代肉鬆來配粥、白飯等，當下酒菜也很對味唷，在日式料理裡面也是常吃到的日式小菜。用小火慢慢拌炒才不易出現苦味，可炒至你自己喜歡的口感和乾度。

07 金平牛蒡絲

7-10天
冷藏保存

食材

牛蒡⋯1 根
紅蘿蔔⋯1/2 根
薑⋯10g
白芝麻粒（熟）⋯1 小匙
芝麻香油、醬油、味醂、糖、米酒⋯各 1 大匙

作法

1 將牛蒡外皮輕輕刷洗乾淨、用刨刀將牛蒡一片片削下；紅蘿蔔及薑刨成絲，或用刀切成絲。

2 倒入芝麻香油起油鍋，放入薑絲炒香，轉中大火再加入紅蘿蔔絲、牛蒡絲拌炒。

3 加入所有調味料拌炒入味即可熄火。

AMY 老師
小叮嚀

牛蒡的風味、香味和營養幾乎來自皮層，所以只要刷洗乾淨就好，如果真的很不喜歡皮的口感，可用刀稍微刮除，而削好的牛蒡儘量不要泡水，直接入鍋加熱，最能保持其營養和香氣。

小菜

08 日式酸甜蘿蔔

30天
冷藏保存

食材

白蘿蔔…800g
海鹽…1.5 大匙
酸甜醬汁
- 糖…80g
- 米醋…100c.c.
- 冷開水…150c.c.
- 花椒粒…1 小匙
- 辣椒乾…2 根
- 蒜頭…2 瓣
- 月桂葉…1 片

作法

1 將白蘿蔔去皮，切成邊長約 2.5 公分的骰子狀正方形，放入豆漿布袋中加入 1.5 大匙的鹽抓醃，袋口綁緊後用重物壓實 1 個小時，讓蘿蔔出水以去除澀味。

2 準備酸甜醬汁，將所有材料放入鍋中煮滾，等糖融化後就可以熄火放涼。

3 先將容器空罐用滾水汆燙、晾乾。

4 鹽漬好的蘿蔔輕輕擠出水份後放入瓶罐裡，倒入酸甜醬汁後蓋上蓋子，冰箱冷藏一天後即可食用。

AMY 老師
小叮嚀

裝填的瓶子經過滾水徹底殺菌，這道小菜就可以冷藏保存至少 1 個月，隨時拿出來搭配便當菜或是白粥，百搭而且實用，而且這道小菜非常開胃下飯，酸甜醬汁的口味也可依個人喜好去增減醋及糖的比例。

小菜

19 辣炒酸菜

7-10天
冷藏保存

食材

酸菜…400g
帶皮蒜頭…6瓣
辣椒碎…1根
糖、芝麻香油、食用油…各1大匙
鹽…1小匙

作法

1 酸菜洗淨後將水分擰乾、切碎；蒜頭拍裂，均備用。

2 熱鍋後，放入酸菜乾鍋炒香，炒好先起鍋備用。

3 沿用原鍋，放入1大匙食用油開中大火燒熱，放入蒜頭及辣椒爆香，再加入酸菜拌炒均勻，最後加入糖、鹽、芝麻香油調味，拌炒至入味即可熄火。

AMY老師 小叮嚀

為什麼這裡使用要帶皮的蒜頭去炒呢？這是因為蒜頭的外皮拌炒後會有一種獨特蒜香味，而且也比較不容易讓蒜頭燒焦變苦，和酸菜特別合拍，但是由於蒜皮不能食用，等炒出香氣後就可以取出丟棄了。

萬用醬料

01 蔥油醬

運用料理：香煎嫩雞佐蔥油醬

7-10 天
冷藏保存

2 個月
冷凍保存

食材

青蔥…300g
薑（去皮）…50g
食用油…300c.c.
鹽、芝麻香油…各 1 大匙
胡椒粉…2 小匙

作法

1 將青蔥切成蔥花；老薑切成薑末。

2 鍋中倒入食用油燒熱，加入薑末炒至微微上色即可熄火，利用餘溫倒入蔥花、鹽、胡椒拌炒。

3 加入芝麻香油做最後調味，至青蔥變軟時即可起鍋放涼，裝入已消毒的玻璃罐即完成。

AMY 老師小叮嚀

這個蔥油醬就是大家常吃的廣式蔥油醬，在廣式燒雞上也經常可以見到搭配，滋味鹹鹹香香的，除了和雞肉超搭之外，拌飯、拌麵、拌菜也都可以唷，常備在冰箱中，能隨時用來做蔥油雞汁麵、蔥油醬拌燙青菜或是搭配炸魚食用，甚至也能拿來做蔥油餅和做蔥花麵包，是一個百搭醬料喔！

02 油醋醬

運用料理：雞肉佐藜麥溫沙拉

5-7天
冷藏保存

食材

橄欖油…6 大匙
巴薩米克醋…2 大匙
黑胡椒粉、鹽…各 2 小匙
檸檬汁…2 大匙

作法

1 先將容器空罐用滾水汆燙、晾乾。

2 油醋醬比較容易油水分離，所以製作方法是先將巴薩米克醋倒入碗中，油則是分次且少量地慢慢加入打散，最後再加入其他調味料一起拌勻即可。

AMY 老師小叮嚀

油醋醬比較容易壞，通常一次不會做太多量，要儘快食用完畢。是各種沙拉的最佳夥伴，傳統油醋醬調配比例是油對酸約3：1，醋可廣泛選擇像是紅酒醋、水果醋、烏醋或是巴薩米克醋等，再加點鹽和香料等調味，稍微試一下味道再調整自己最喜歡的比例。

醬料

03 芝麻醬

運用料理：麻醬涼拌雞絲

7-10 天
冷藏保存

2 個月
冷凍保存

食材

白芝麻醬… 180g
原味花生醬、烏醋、芝麻香油…各 90g
醬油…45c.c.
糖…45g
蒜末…2 大匙
開水…45c.c.

作法

1 先將容器空罐用滾水汆燙、晾乾。

2 將所有材料拌勻即可，開水的用量可視麻醬的濃稠度做調整。

AMY 老師小叮嚀

麻醬不但可以做麻醬雞絲，也可以做麻醬麵、麻醬乾麵、麻醬涼麵、麻醬粉絲等各種麵類，也可以涼拌小黃瓜、甜椒、豆腐、生菜等，做各種沙拉或涼拌菜，做好的麻醬如果想要放久一點，可以分裝後冷凍，每次取出就拿出需要的量來解凍。

04 韓式辣味醬

運用料理：韓式辣味炸雞

7-10天 冷藏保存

2個月 冷凍保存

食材

韓式辣醬、番茄醬、蜂蜜…各 100g
醬油、水…各 50c.c.
糖…50g
蒜末…5 大匙

作法

1 先將容器空罐用滾水汆燙、晾乾。

2 將所有材料倒入鍋中，小火煮至冒泡即可。

AMY老師
小叮嚀

韓式辣醬通常也有人稱為韓式味噌醬，並不是台灣人所常用的調味料， 不過這幾年韓劇和韓國料理在台灣都大受歡迎，調製後的韓式辣味醬更符合台灣人口味，不管是炸雞、辣炒年糕、石鍋拌飯、辣炒豬肉都可以加，拌小黃瓜蔬菜或是海鮮等也很適合。

05 和風味噌醬

運用料理：味噌風味醃魚

30天
冷藏保存

食材

白味噌…75g
味醂…75c.c.
米酒…75c.c.（亦可用清酒）

作法

1 先將容器用滾水汆燙、晾乾。

2 味噌、味醂、米酒以1：1：1的比例混合均勻即可裝入容器。

AMY老師小叮嚀

和風味噌醬很適合醃魚，像是做成具有濃濃日式風味的鱈魚或鮭魚西京燒，也可以用來醃豬肉、雞肉等，做出以味噌為主調的和風煮物或烤魚風味，像和風味噌醬烤雞翅、烤和風味噌醬松阪豬等，都是相當美味而且知名的料理。

醬料

06 番茄醬汁

運用料理：【茄汁蝦仁】半調理食材、焗烤高麗菜捲、茄汁高麗菜捲

7-10天 冷藏保存

2個月 冷凍保存

食材

整粒番茄罐頭…1 罐（約 400g）
洋蔥丁…100g
蒜末…1 大匙
橄欖油…3 大匙
糖…2 小匙
鹽…1 小匙
黑胡椒粉…1/3 小匙

作法

1 鍋中倒入橄欖油、放入蒜末、洋蔥丁小火慢慢煸香，炒至洋蔥呈現透明狀。

2 加入番茄罐頭，用鍋鏟或打蛋器將番茄壓碎，一邊攪拌一邊壓碎。

3 煮至醬汁成濃稠狀時， 加入糖、鹽及黑胡椒粉煮勻即可熄火，待冷卻後即可分裝冷藏或冷凍保存。

1
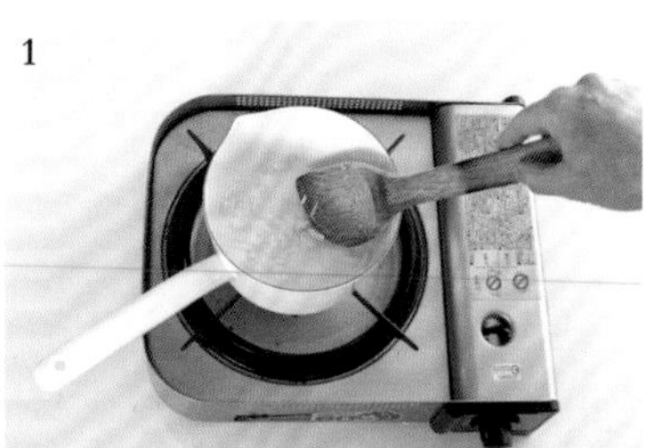

2

3

醬料

07 酸辣醬

運用料理：【酸辣醬綜合海鮮】半調理食材

7-10 天
冷藏保存

2 個月
冷凍保存

食材

辣椒末⋯ 200g
蒜末⋯100g
米醋 ⋯240ml
鹽⋯1 大匙
糖⋯3 大匙

作法

1 先將容器用滾水汆燙、晾乾。

2 取一個小湯鍋，放入辣椒末及蒜末，倒入米醋、糖、鹽，開小火煮滾。

3 煮約 3 分鐘後熄火，放涼即可裝入容器。

AMY 老師
小叮嚀

酸辣醬可是泰式料理的靈魂醬料，台灣的夏天相當炎熱，常常熱得讓人沒有胃口，所以夏天我就會在冰箱冰上一罐酸辣醬，隨時取出，自己再加上一些檸檬汁、魚露、辣椒和香菜等，就能做涼拌海鮮、酸辣松阪豬、涼拌青木瓜和檸檬魚等開胃好料理。

醬料

08 胡麻醬

運用料理：胡麻醬拌高麗菜

5-7天
冷藏保存

食材

白芝麻醬…135g
醬油…60c.c.
米醋…90c.c.
味醂…135c.c.
冷開水…90c.c.

作法

1 先將容器空罐用滾水汆燙、晾乾。

2 將所有材料倒入碗中一起拌勻即可裝瓶。

AMY老師
小叮嚀

胡麻醬滋味濃醇香鮮，非常受到大家歡迎，使用上也很百搭，既可用於做沙拉，也可來搭配水煮蔬菜、雞肉、豬肉等一起吃，甚至拌入涼麵，或是用來沾餛飩、餃子一起吃都很好吃，自己做就不用擔心裡面有太多的人工添加物了。

醬料

關東煮沾醬

運用料理：關東煮

5-7天
冷藏保存

食材

味噌、味醂…各 45 c.c.
辣豆瓣…1 又 1/2 大匙
水…240c.c.
糖…3 小匙
糯米粉…3 大匙

作法

1 先將容器用滾水汆燙、晾乾。

2 糯米粉加少許水拌匀。

3 取一個小湯鍋，放入味噌和水先調匀，倒入辣豆瓣、糖、味醂，開小火煮滾，煮約 1 分鐘後加入糯米粉水煮至濃稠後熄火，放涼即可裝入容器。

AMY 老師 小叮嚀

關東煮沾醬必須有點濃稠度，沾蘿蔔等關東煮時才能妥善地包裹住食材，如果沒有糯米粉，使用家裡有的蓮藕粉或是太白粉、地瓜粉也是可以的，這個沾醬也可以用來沾鵝肉、蚵仔煎等，也很對味唷。

CHAPTER 05

大受歡迎的
人氣便當

學會用常備菜來做便當，
就可以每天輕鬆搭配變化不同菜色，
給自己、也給家人，
準備一個營養和美味都滿分的愛心餐盒。

用常備菜做好午餐便當

上班族、外食族最煩惱的應該是每天的午餐都是高油、高糖，又充滿添加物的不健康餐食，而且日復一日毫無變化的菜色，如果能自己帶便當不但最經濟實惠，而且也健康、美味，但是做便當似乎很麻煩很花時間?!

只要家裡冰箱裡有幾樣常備菜，也把各種美味米飯煮好，趁熱分裝冷凍。就可以在前一天晚上，或是早上起來，甚至是利用週末一點點時光，幫自己或家人做個好吃又讓人安心的便當。

便當好吃的祕密
「米飯」是關鍵

大家應該都喜歡吃軟 Q 又蓬鬆的米飯，但是煮飯可是一個很平凡卻也有深度的技術喔。我經常練習用鍋釜煮飯，來不斷複習煮飯的手感，可以這樣說，如果你能把飯煮得好吃，料理就成功了一大半。

選擇品質好的米

台灣人很幸福，有各式各樣出類拔萃的農產品，尤其是米穀類，市面上各種五穀和米種任你選擇，以往，大家總是崇尚日本的越光米，不惜成本也想吃日本的白米，當然日本的米真的是好吃的，但其實近年來台灣的農業技術日益進步，現在台灣的米也非常好吃唷，我們根本不需要捨近求遠。

選購米穀時，要挑選米粒完整飽滿的，購買時選品質和口感、口碑、品牌都良好的米，雖然價格可能不是最便宜的，但好吃的飯吃起來就會讓人感到幸福，你也絕對值得對自己這麼好。

清洗動作要輕柔

洗米時要輕柔，輕輕的漂洗 2-3 次就好，才能留住米中的營養，也不需要用力搓，會把米粒弄得太碎，反而導致口感不佳。如果是使用電子鍋煮飯，也不建議直接用電子鍋的內鍋洗米，以免刮傷電子鍋內部唷。

煮飯的水量要剛剛好

米飯要煮的好吃，除了挑選好品質的米之外，不同米種的煮飯加水量也很重要喔！

（米量：加水量）需視新米或陳米，每一款米或穀物的含水量及吸水量的參考建議如右：

米種	米量		加水量
糙　米	1	:	1.3
胚芽米	1	:	1.2
在來米	1	:	1.25
蓬萊米	1	:	1.1

煮飯之前先浸泡

一般來説，白米或其他穀物洗好之後，都需用清水浸泡一些時間，大約 20-30 分鐘左右，可以讓米或穀物充分吸附水份，煮出的口感會更軟 Q 香甜，若使用日式電子鍋，大部分電子鍋的標準行程設定都已經含有浸泡時間，所以可省略另外浸泡，直接選擇米飯模式即可。

燜 15 分鐘再拌鬆

煮好飯後不要馬上開蓋，先燜 15 分鐘再打開，讓米完全糊化吃起來更甜，然後趁熱把飯拌鬆散散水氣，蓋上鍋蓋回燜一下再吃，就會鬆軟好吃。

綜合五穀更為健康

現代人除了享受美食之餘也注重健康與營養，建議白米飯中可以加入藜麥、紫米、糙米、五穀米等，來增加多種營養元素，讓米飯的口感好吃、營養更加分。

如果可以每餐都食用不同的米飯，則是最好的選擇。我建議一次多煮一些，當米飯煮好、拌鬆後，趁溫熱時將煮好的米飯分裝保存，可以使用保鮮盒或可耐熱、冷凍的保鮮膜，溫熱的米飯包裝好待冷卻後，放進冷凍庫可保存約一個月，食用前用電鍋或是微波加熱，即可像剛煮好的米飯一樣綿軟，冷凍米飯美味的祕訣就是「一定要趁米飯溫熱時就要分裝保存」，這樣米飯裡的水份才不會流失。

現在米飯的選擇很多，除了傳統白米飯之外，後續章節我會介紹紫米飯、糙米飯、十穀飯、藜麥飯、紅藜大麥飯、小松菜飯等七種米飯煮法，讓大家每天都可以換一種營養、換一種美味。

白米飯

01

Steamed rice

食材 （4-6 人份）

白米⋯2 米杯
水⋯2 米杯

AMY 老師
小叮嚀

所謂的「辭水」，就是俗稱消水，就是讓水份揮散的意思，需後熟的水果都需要辭水，如柚子剛採收時表皮水份飽滿，但吃起來果肉水份卻不多，甜度也不高，如果放在陰涼通風處 1-2 個禮拜，等柚子表皮水份消散，也就是「辭水」後，就變得好吃了。米飯也是一樣的，米飯拌鬆等水份消散後也更好吃了。

作法

1 將白米洗淨後放入內鍋，加入 2 米杯的水，浸泡約 25 分鐘。

2 內鍋放入電鍋，外鍋加約 1 米杯水，按下電源鍵烹煮，待電源鍵跳起後再燜 15 分鐘。

3 打開鍋蓋，將飯拌鬆、辭水，再蓋上鍋蓋稍燜一下，讓米飯緊實 Q 彈。

紫米飯

02

Black glutinous rice

食材 （4-6 人份）

白米⋯1.5 米杯
紫米⋯0.5 米杯
水⋯2 米杯

AMY 老師小叮嚀

紫米中含有營養的花青素、必需胺基酸、纖維質等，不但可以抗發炎、預防心血管疾病等，還可以抗老化、補血、消水腫，對女生相當有益處。

作法

1 白米、紫米個別洗淨；紫米先用 0.5 米杯的水浸泡約 1 小時；白米用 1.5 米杯水浸泡 30 分鐘。

2 將白米、紫米連同浸泡的水放入電鍋的內鍋，外鍋加入約 1 米杯水，按下電源鍵烹煮，待電源鍵跳起後再燜 15 分鐘。

3 打開鍋蓋，將飯拌鬆、辭水，再蓋上鍋蓋讓米飯更鬆軟。

03 糙米飯

Brown rice

食材 （4-6 人份）

白米…1 米杯
糙米…1 米杯
水…2 米杯

AMY 老師
小叮嚀

糙米因為保留了外殼米糠和胚芽，所以也含有更為豐富的膳食纖維及維生素 B 群，可以促進腸胃蠕動，吃完後也較不會導致血糖過高。不過因為糙米飯口感較粗，很多人無法適應，所以可以先少量取代白米，像是先從取代白米 1/4 開始，適應後再慢慢增加、調整比例。

作法

1 白米、糙米個別洗淨，糙米先用 1 米杯的水浸泡約 2-3 小時，白米用 1 米杯水浸泡 30 分鐘。

2 將白米、糙米連同浸泡的水放入電鍋的內鍋，外鍋加入約 1 米杯水，按下電源鍵烹煮，待電源鍵跳起後再燜 15 分鐘。

3 打開鍋蓋，將飯拌鬆、辭水，再蓋上鍋蓋讓米飯更好吃，接下來即可享用。

藜麥飯

04

Rice with quinoa

食材（4-6 人份）

白米…1 又 2/3 米杯
紅藜（或三色藜麥）…1/3 米杯
水…2 米杯

AMY 老師
小叮嚀

藜麥或是紅藜等穀類較為細小，而且重量比較輕，沖洗的方法可以找一個容器或是碗，放入藜麥和水一起輕輕攪拌後，使用細篩網過濾，藜麥外殼中含有皂素，稍帶苦味，沖洗後也可以去除苦味。

作法

1 將白米洗淨後放入內鍋，加入 2 米杯的水，浸泡約 25 分鐘。

2 紅藜（或三色藜麥）另外用容器略微沖洗，瀝乾，加入已浸泡好的白米拌勻，外鍋加入約 1 米杯水，按下電源鍵烹煮。

3 待電源鍵跳起後再燜 15 分鐘，打開鍋蓋，將飯拌鬆、辭水，再蓋上鍋蓋讓米飯再燜一下，接下來即可享用。

05 十穀飯

Ten grains rice

食材 （4-6 人份）

白米…1 米杯
五穀米或十穀米… 1 米杯
水…2 又 1/3 米杯

AMY 老師
小叮嚀

不管是五穀米、十穀米，都是五穀雜糧類，通常含有糙米、紫米、蕎麥、大麥、燕麥、小米，薏仁、蓮子、芡實等等，各種穀類中含有不同營養素纖維質，所以較為健康，不過，因為膳食纖維高，消化能力較差的人也要先從少量取代白米開始，慢慢適應唷。

作法

1. 白米、十穀米個別洗淨後，十穀米先用 1 又 1/3 米杯的水浸泡約 2-3 小時，白米用 1 米杯水浸泡 30 分鐘。
2. 將白米、十穀米連同浸泡的水放入電鍋的內鍋，外鍋加入約 1 米杯水，按下電源鍵烹煮，待電源鍵跳起後再燜 15 分鐘
3. 打開鍋蓋，將飯拌鬆、辭水，再蓋上鍋蓋回燜後即可享用。

07 小松菜飯

Rice with komatsuna

食材（4-6 人份）

白米…2 米杯
水…2 米杯
小松菜…200g
培根…3 片
鹽…少許
黑芝麻粒（熟）…適量
芝麻香油…1 大匙

AMY 老師 小叮嚀

小松菜不能太濕，也不能擰到爛爛的，才能維持翠綠的色澤。擰乾的小技巧，就是使用做壽司用的竹簾把小松菜包捲起來再擠壓，就可以擰乾水份又能保持小松菜完整唷。

作法

1 白米洗淨後，加入 2 米杯的水浸泡約 25 分鐘，再放入電鍋裡，外鍋約放 1 米杯水，按下電源鍵，之後等跳起來再燜 15 分鐘。

2 小松菜洗淨，放入滾水中汆燙，擰去水份後切丁（細碎）；培根放入平底鍋煎至金黃香酥、切碎。

3 待米飯燜煮好後，打開鍋蓋將飯拌鬆、辭水，加入小松菜、培根、少許的鹽及芝麻香油拌勻，最後灑上黑芝麻粒（熟）適量即可。

08 紅藜大麥糙米飯

Brown rice with quinoa and barley

食材 (4-6 人份)

糙米…1 米杯
紅藜(或三色藜麥)…1/3 米杯
大麥…2/3 米杯
水約…1 又 2/3 米杯
食用油… 1 小匙
米酒… 1 小匙

AMY 老師
小叮嚀

糙米如果覺得浸泡時間過長,亦可選用免浸泡糙米,就可省略步驟 1. 的浸泡時間。如果是使用電子鍋請選擇糙米飯 / 五穀飯模式,也可省略步驟 1. 的浸泡時間,因為電子鍋的程式中已經含有浸泡時間了。

作法

1 將糙米洗淨後放入內鍋,加入 1 又 2/3 米杯的水,再加入 1 小匙的食用油及米酒,浸泡約 2-3 小時;紅藜(或三色藜麥)另外用容器略微沖洗,瀝乾。

2 將浸泡好的糙米連同浸泡的水,加入大麥、紅藜,放入電鍋後,外鍋加 7 分滿的米杯水再按下電源鍵烹煮,待電源鍵跳起後再燜 15 分鐘。

3 打開鍋蓋,將飯拌鬆、觧水,再蓋上鍋蓋回燜後即可享用。

常備菜便當組合小技巧

01 先選好主菜、主食

我建議便當可以一次規劃五天份，剛好是上班日的週一至週五，先把主菜設定好，例如第一天和第三天是雞胸肉料理、第二天選擇紅燒牛肉，先設定好適合的主菜去準備常備菜，然後再搭配不同的米飯或拌麵。

02 搭配 1-2 種配菜

每個便當可以搭配 2-3 樣的配菜，除了青菜、半葷素之外，小菜也可以，例如：高麗菜捲、雪裡紅炒肉末豆乾丁、椒鹽菇菇，開胃小菜如辣炒豆豉蘿蔔乾、昆布佃煮等也不錯，有菜有肉讓便當菜色更豐盛。

塊狀分配且乾濕分離

便當菜可儘量放塊狀無湯汁的配菜，或是使用有分隔設計的便當盒，除了菜色不混味之外，也不會讓便當菜浸潤到湯汁而口感不佳，如果便當是要放蒸飯箱加熱，也記得要挑選適合覆熱，覆熱後不會變色或是變糊的的便當菜，如：照燒雞腿排或什錦蘿蔔滷肉這些都適合加熱，即使蒸過以後也一樣好吃。

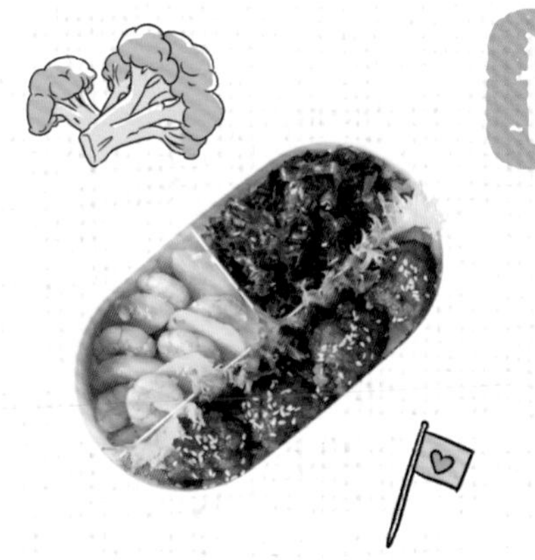

04 注意顏色的搭配

便當的顏色組合通常是紅黃綠白，搭配的菜色也要考量到配色，尤其是各式各樣的生菜很適合用來做襯底，例如：唐揚炸雞底下可以放一片生菜襯底，或是搭配高麗菜絲也不錯，不止讓便當看起來色香味俱全，也能達到均衡飲食。

注意營養更均衡

帶便當時也可以多增加季節時令水果和湯品，湯品建議另外使用容器或保溫罐來盛裝，讓便當菜也能吃到滿滿的幸福好滋味。

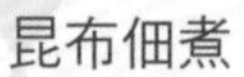

昆布佃煮

作法請見 p164

唐揚炸雞

作法請見 p036

十穀飯

作法請見 p210

蒜炒萵筍

作法請見 p110

週一上班超 Blue，
最適合準備這個
保證會讓你元氣滿分的
唐揚炸雞便當了！

日式唐揚炸雞便當

STEP 01 主食 十穀飯

先在便當的上半部放入纖維質豐富的十穀飯當底。

STEP 02 主菜 唐揚炸雞

便當右下角鋪上生菜，放上已經放涼的炸雞塊。.

STEP 03 配菜 蒜炒萵筍

把好吃鮮脆的蒜炒萵筍穿插在炸雞和米飯中間和便當周圍。

STEP 04 小菜 昆布佃煮

加上塊狀的昆布佃煮增加甜味，也提升視覺滿分。

雞肉藜麥溫沙拉便當
吃起來清淡爽口，
最適合認真上班的
星期二！

雞肉藜麥溫沙拉便當

STEP 01 主食 小松菜飯

先在便當的左半部放入色彩豐富的小松菜飯。

STEP 02 主菜 雞肉佐藜麥溫沙拉

放入主菜藜麥雞肉溫沙拉。

STEP 03 配菜 玉子燒

配菜選用甜甜的玉子燒，鮮豔的黃色和日式風格很速配。

STEP 04 小菜 椒鹽菇菇

加上一些椒鹽菇菇，增加便當鹹香的滋味。

今天換換口味，
充滿義式風情。

糖心蛋
作法請見 p162

水煮花椰菜

義式肉丸子
作法請見 p050

茄汁蝦仁義大利麵
作法請見 p080

茄汁風味義大利麵

STEP 01 主食 茄汁蝦仁義大利麵

把茄汁蝦仁義大利麵捲一捲放入便當盒中。

STEP 02 主菜 義式肉丸子

把義式肉丸子放在麵的四周。

STEP 03 小菜 糖心蛋

甜甜的糖心蛋讓便當更營養。

STEP 04 青菜 水煮花椰菜

放入茄汁蝦仁義大利麵的搭配蔬菜，或另外清燙一些花椰菜可增加纖維質。

元氣蔬菜雞湯
作法請見 p156
糖心蛋
作法請見 p162
水煮青菜
麻辣牛肉乾拌麵
作法請見 p066
昨天是異國風情，
今天就來點中式麻辣口味吧。

麻辣牛肉拌麵便當

STEP 01 主食 麻辣牛肉乾拌麵

先把麻辣牛肉拌麵放入便當盒中。

STEP 02 青菜 水煮青菜

加入少許水煮青江菜或小白菜，增加纖維質。

STEP 03 小菜 糖心蛋

甜甜的糖心蛋和牛肉麵好對味。

STEP 04 湯品 元氣蔬菜雞湯

多帶一個雞湯營養更豐富唷。

晚上有聚餐的週五，
中午就簡單吃吧！
鮮榨柳橙汁
肉排蛋三明治
作法請見 p044
金平牛蒡絲
作法請見 p172
HAVE FUN

超美味肉排蛋三明治餐盒

STEP 01 主食 肉排蛋三明治

便當底下可以鋪上可愛餐巾紙，或是鋪上生菜當底，再放上肉排蛋三明治。

STEP 02 小菜 金平牛蒡絲

加一點鹹鹹香香的小菜更開胃。

STEP 03 飲料 鮮榨柳橙汁

鮮榨柳橙汁可以多增加纖維質。

超大份量的便當，
一看就誠意十足。
茼筍炒蝦仁
作法請見 p112
柴魚香鬆
作法請見 p170
韓式辣味炸雞
作法請見 p038
水煮花椰菜
紫米飯
作法請見 p204
白米飯
作法請見 p202

大份量韓式辣味炸雞便當

STEP 01 主食 紫米飯、白米飯

把紫米飯和白米飯鋪入便當盒，增加色彩豐富。

STEP 02 主菜 韓式辣味炸雞

把韓式辣味炸雞放在生菜上。

STEP 03 配菜 萵筍炒蝦仁

蝦仁萵筍好吃又健康。

STEP 04 小菜 柴魚香鬆

加一些鹹香的柴魚香鬆來開胃。

STEP 05 青菜 水煮花椰菜

清燙一些花椰菜可增加纖維質。

照燒雞腿排

作法請見 p034

關東煮

作法請見 p104

玉子燒

藜麥飯

作法請見 p208

日式酸甜蘿蔔

作法請見 p174

今天充滿濃濃
日式風情。

日式照燒風味雞腿便當

STEP 01 主食 藜麥飯

把藜麥飯放入便當盒。

STEP 02 主菜 照燒雞腿排

主菜就選用照燒雞腿排吧！

STEP 03 配菜 關東煮

關東煮可以任意搭配。

STEP 04 小菜 日式酸甜蘿蔔

酸酸甜甜的醃漬蘿蔔好下飯。

辣炒小魚乾
作法請見 p160
酸甜開胃泡菜
作法請見 p098
雪裡紅炒豆干
作法請見 p092
軟嫩多汁漢堡排
作法請見 p048
雙層大便當，
看起來就很滿足。
白米飯
作法請見 p202

一口大小漢堡排雙層餐盒

STEP 01 主食 白米飯

軟軟 QQ 的白米飯先鋪底。

STEP 02 主菜 軟嫩多汁漢堡排

軟嫩多汁漢堡排，淋上濃郁咖哩醬！

STEP 03 配菜 雪裡紅炒豆干

最喜歡自己做的雪菜炒豆干，營養又美味。

STEP 04 小菜 辣炒小魚乾

可以隨口味加 1-2 道小菜，辣炒小魚乾十分夠味。

STEP 05 小菜 酸甜開胃泡菜

酸酸甜甜又辣辣的，可以增進食慾。

充滿鮮味的
海味便當組合。
玉米蘿蔔排骨湯
作法請見 p144
紅藜大麥糙米飯
作法請見 p214
紙包蒜香味噌魚
作法請見 p074
水煮玉米筍
日式燉煮蘿蔔
作法請見 p124

又鮮又辣的紙包魚便當

STEP 01 主食 紅藜大麥糙米飯

紅藜大麥糙米飯色香味俱全。

STEP 02 主菜 紙包蒜香味噌魚

放入紙包蒜香味噌魚，看起來營養十足。

STEP 03 配菜 日式燉煮蘿蔔

加一點燉蘿蔔，口感更有層次。

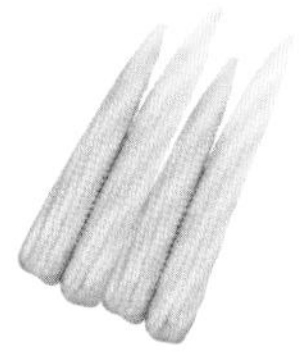

STEP 04 青菜 水煮玉米筍

清燙一些玉米筍清爽甘甜。

STEP 05 湯品 玉米蘿蔔排骨湯

可以隨個人喜好多帶一個品湯，增加飽足感。

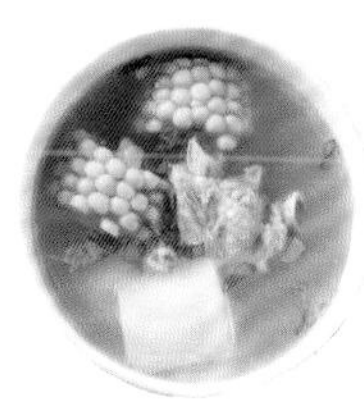

百菇雞湯

作法請見 p154

又酸又辣、層次鮮明，
就像是開心小週末。

雪菜炒年糕

作法請見 p094

泰式酸辣涼拌海鮮

作法請見 p084

糙米飯

作法請見 p206

泰式風味酸辣海鮮便當

STEP 01 主食 糙米飯

糙米飯的營養百分百。

STEP 02 主菜 泰式酸辣涼拌海鮮

放入泰式酸辣涼拌海鮮，真辣夠味。

STEP 03 配菜 雪菜炒年糕

鹹鹹的滋味好下飯。

STEP 04 小菜 百菇雞湯

多增加一個湯品才吃得飽。

非精煉 非調合的

清香純麻油

真老麻油

實體通路

臉書專頁

國家圖書館出版品預行編目 (CIP) 資料

Amy の私人廚房，一日兩餐快速料理 / 張美君著 . -- 初版 . -- 新北市：幸福文化出版社出版：遠足文化事業股份有限公司發行，2021.04

ISBN 978-986-5536-51-0 （平裝簽名版）
ISBN 978-986-5536-53-4 （平裝）

1. 食譜 2. 烹飪

427.17　　110004322

Amy の私人廚房

一日兩餐快速料理

作　　者：Amy（張美君）
攝　　影：璞真奕睿影像
攝影協力：琦琦
責任編輯：黃佳燕
封面設計：Rika Su
內頁設計：王氏研創藝術有限公司

總 編 輯：林麗文
副 總 編：梁淑玲、黃佳燕
行銷企劃：林彥伶、朱妍靜
印　　務：黃禮賢、李孟儒

社　　長：郭重興
發行人兼出版總監：曾大福
出　　版：幸福文化／遠足文化事業股份有限公司
地　　址：231 新北市新店區民權路 108-3 號 8 樓
網　　址：https://www.facebook.com/happinessbookrep/
電　　話：（02）2218-1417
傳　　真：（02）2218-8057
發　　行：遠足文化事業股份有限公司
地　　址：231 新北市新店區民權路 108-2 號 9 樓
電　　話：（02）2218-1417
傳　　真：（02）2218-1142
電　　郵：service@bookrep.com.tw
郵撥帳號：19504465
客服電話：0800-221-029
網　　址：www.bookrep.com.tw

法律顧問：華洋法律事務所 蘇文生律師
印　　刷：凱林印刷股份有限公司

初版一刷：2021 年 4 月
定　　價：500 元